大是文化

一頓飯的成功法則

飯局，大家都不喜歡，但最忌有攤必到；

這個世界永遠因人成事，一切就從餐桌上的試探開始。

暢銷書《杜拉拉職場速騰36計》作者
鄭建斌◎著

CONTENTS

第四章 找對人上你的餐桌

第五章 邀請的藝術，他非來不可……133

第六章 設宴有道，能把你的層次亮出來……161

第七章

沒有人是為了吃飯而來，請先做功課 185

第八章 沒有靠山，怎麼進入更上層圈子？……221

第九章 這樣做，你就「無敵」了……249

第十章 會面的安排巧妙，對方照著你的意思走……273

第十一章

後記

推薦序一

那些我們曾經都反感的飯局

知名職場與兩性作家／御姊愛

我曾經很討厭飯局和應酬，有一次丟出離職書，正是因為主管宣布必須「加強夜間服務客戶」。當然，不是你想像的那種服務，但就是要多多交際應酬、吃飯搏交情。

那時，我還是剛畢業不久的菜鳥，總覺得職場裡的交際特別虛假，逢人就喊「張董」、「王董」，笑盈盈的逢迎：「要不是張董，哪有我們今天呢？」然後和客戶、主管合照後，還得上傳社群媒體、發動態；席間要幫忙斟酒、夾菜，注意誰的碗裡空了、誰有需要，都要趕緊照顧到。

但我不是酒店妹，我是廣告公司企劃。

之後，我不當別人的員工，我以為總算可以離開交際應酬的場面，沒想到當自由業

（freelancer）、開公司自己張羅業務後，發現竟然依舊和飯局脫離不了關係。這些應酬、聚會根本沒辦法減少，之後我也了解到，它還挺重要的，因為所有合作幾乎都是在餐桌上提議、拍板定案；有些曾幫助過我的貴人，也都是因為有過幾次見面、吃飯的機會，聊得投緣、也吃出感情，才願意互相拉拔。

在華人社會中，飯局隱藏著交情，能同桌共飯就是有緣，而所謂的緣分，其實就是西方社會所說的人際網絡（social network）。

飯局之所以重要，不只是彼此花時間坐下來吃飯、談天，還能從細微之處，窺見對方對自己的誠意和了解究竟為何。例如，一場私下單獨邀約的飯局，選擇五百元或五千元的餐廳，其背後的意義就不同。如果是朋友邀約當然無妨，但若是以商場來說，五千元一餐可以表示邀約方頗有誠意、捨得為這頓飯花錢，同時也展現出其背後的財力。

當然，突然請一餐價值不菲的飯，很可能有其他目的，例如需要幫忙關說、引薦，或是希望彼此能有合作機會。至於，受邀者是否願意接受呢？首先，光是答應出席飯局，大概有兩成機會答應。商場上，倘若以完全陌生的對象來說，接受邀約就代表「我願意跟你搭上一點關係」；若是以有點熟識的朋友來說，答應則意味著：「說說看吧，我想聽聽你有什麼好主意？」

緊接著，受邀者會仔細觀察餐廳檔次、品味、是否有顧及自己的飲食偏好、地點是否隱密、除了雙方之外還有誰出席，以及聚會中談及的話題，能否對彼此都有利，來判斷邀請者的誠意。種種細節都可能影響這場飯局「背後的主要目的」，是否能順利談成。

所以，飯局其實是很重要的，不只是創造兩人面對面互動的機會，同時也能藉由種種安排，得知這場合作的重要性，以及彼此在心中的地位。讓嚴肅的利益話題，透過飲食、酒水、昏黃燈光、音樂的微醺後，點綴幾則笑話軼事，軟化彼此原本高築的心防。

逐漸了解到飯局與聚會的必要之後，我便適量的參加這類活動，「不必要的飯局」則一概拒絕。所謂不必要的飯局，大都是一些意義不明、盲目沒目的、邀約者一天到晚宴客卻沒有主要用意，或是一干人爭相交換微信、LINE，但都是虛應故事，不知道對方的肚子裡到底有沒有墨水。

鄭建斌在這本書裡，把飯局聚會描寫得十分透澈，我想，人在江湖上行走，無論各行各業都需要一點輕功，讓各種阻礙降到最低。而掌握飯局的精髓，妥善運用聚會達成所求，就如同練就一身輕功，那些貌似困難的案子、合作，說不定咻的一聲就全越過了。

推薦序二

學校教我們該如何吃飯，卻沒教怎麼參與飯局

偉誠國際企業管理顧問有限公司負責人、吃貨共學團創辦人／**葉偉懿**

這真是一本讓人期盼許久的飯局社交教科書，學校正規教育教導我們的是，吃飯要公筷母匙、以碗就口、夾靠近自己位置的菜。但進入社會之後，卻沒有任何人告訴我們該如何參與聚會。然而，飯局餐餐有人吃，但是如何吃出生意、喝出共識，就仰賴個人的觀察力及模仿力。即使只是一位基層人員，這些不經意的眉角，都會成為工作升遷速度的關鍵。

作者點出飯局中的幾個核心，直指飯局就等於是一場關係之局、交換資源的平臺；要為充滿利益的飯局，穿上感情的外衣；請客就是讓人到場，藉此亮出自己的檔次；餐桌上應該避開可能出現的風險，並創造對自己有利的局面……即使是沒參與過任何飯局活動的人，只要隨興翻閱書中其中一個章節，都可以從裡頭的案例、情境，學到華人世界的人情世故。

過去有幸擔任高階主管的幕僚工作，也有過安排飯局的經驗，因此將書中內容歸納出幾個重點：

1. 掌握與會者公、私領域的資訊，並做出貼心的安排。
每個人對於飯局的期待都有所不同，有人期望可以優雅舒適的用餐、有人習慣掌握話題與人社交，事前掌握多方訊息，將每個細節做到位，讓其他參與者備受禮遇，體會這份跨越各階層的溫暖心意。

2. 換位思考，滿足隱藏性需求。
創造對的聚會氛圍、擔任稱職的角色、巧妙的照顧到每位參與者的身心需求，就是累積人脈的好時機。多數人上了飯桌，都有些緊張羞澀，與在家用餐的隨興、自由不同，應該多給予協助和引導，因為這種把對方放在心上的感覺，遠勝過抬得高高在上的氛圍。

3. 知道、做到並邁向實踐，持續參與飯局驗證所知。
應把握主導商務聚會、聯絡客戶、接洽餐廳的機會，在職場上不斷累積生存技能後，這個經驗別人搶也搶不走，亦會隨著時間累積而更加龐大。

飯局與聚會和人生息息相關，所以我和一群同好共同創立「吃貨共學團」，致力於推廣優雅用餐、知識交流，藉由客製化的飯局安排，營造出賓主盡歡、雙贏的氛圍。除了聚會前的邀約之外，還包含場地遴選、菜色與座位的安排，以及最終的送客禮儀。希望藉此讓學員掌握餐桌上的各個細節，而這也和書中所傳遞的理念十分契合。因此，期待各位讀者，從書中學習到如何策劃、參與飯局，為自己累積更強大的社交能力。

前言

愛湊熱鬧的人，出局——選擇你該打進的圈子

在今天，每個成熟的社會人士和飯局都有著不解之緣。飯關係著你的生存品質，而局決定你的發展前景。在溫飽已經不是問題的時候，局的作用就變得比飯更為重要。

中國歷史學家易中天在《閒話中國人》中說：「政治既然即吃飯，會不會吃、懂不懂吃、善不善於處理飲食問題，就關係到會不會做人、會不會做官、會不會打仗，甚至能不能得到天下。」

不可否認，在華人社會中，「關係」成為一種隱性的社會制度，有著廣泛的影響力。在求職、升官、解決難題、爭取權力等方面，都會利用到關係。越是在中、小型城市，關係的作用就越明顯。在某些地方，關係更是政壇和商界的實際通道和遊戲規則。

連結人與人之間的管道有很多，同學、同事、親緣、鄉緣等都是關係的連結，而如果想使關係更像鐵一般、同盟更緊密，飯局與聚會是最普遍也最有效的途徑。

既然我們的生存和發展都離不開飯局與聚會，那麼就不可忽視解析飯局、操縱聚會所隱含的學問。這本書是門邊緣卻又現實的學問，看似簡單易行，實則別有洞天。

民以食為天，飯天天要吃。請人吃飯能保有深厚的友誼；而接受他人宴請，則是受了很大的尊重。這一來一往間，人情也做了，感情交流也更為透徹。聚會社交中，有組織、有派系、有陰謀、有利益，人們互通資訊、互相依存，形成一個又一個形形色色的圈子，將在你最需要的時候，發揮巨大的作用。

我們不需要為飯局文化說好話，但是任何一個人要在社會中立足，都要順應它的潮流，了解當下基本的人情世故，這樣才不會被冷落，以致逐漸成為只能站在圈外、看著圈內熱鬧的邊緣人。懂得利用飯局文化，才可能為自己找到生活和事業成功的關鍵。

人生有分各個階段。在每個階段，都要做符合你該階段身分和地位的事。在飯局這一社交活動中，相信對於大多數人來說，都還處於需求者的位置，也就是聚會組織者和邀請者。

因此，你要在聚會中結交對你很重要的關鍵人物，以尋求支持與合作，做好各個局，才有可能在下個人生階段的飯局中，成為被人需要的「賞光者」。當然，此時飯局之局依然不會停滯，因為你還需要更好的位置、更多的資源。

在人脈、關係網絡、社會資源越來越重要的時代，聚會的作用也日漸突出，不同層次、不同內容的局等待你以妙手推進，在輕鬆愉快的氣氛中，達成心中的目標。

一場聚會，既是親朋故交之間的溝通交流，也是競爭對手之間的交鋒談判。所謂圈子、資源、能量、交易，最後通通都連到飯局。我們收集諸多古今各種關係的精彩之「局」、代表之「局」，以及那些徒勞無功、甚至起不良影響的「反局」，解析其中關係與利益博奕，評說「局」外功夫。

當你能夠以相對合理的金錢、時間和精力的投入，換取比較滿意的資源與人脈時，就表示你已經了解飯局與聚會所代表的意義。

第一章

因人成事，從餐桌上的試探開始

1. 知道你是誰，關鍵在於你認識誰

有句話說：「飯局多的男人背後都有個怨婦，沒有飯局的男人背後有個超級怨婦。」如果一個人與飯局都無緣，那就代表著他將失去與人溝通交流、互換資源的機會，成功與發展的機會也就十分渺茫。

在社會中，人情關係非常重要，一個人的成功與否，完全可以從他涉及的人際網絡的大小中反映出來。即使在強調個人奮鬥的西方社會，也同樣適用「人熟好辦事」的潛規則，他們往往會將關係視為資源和財富，讚美某人擁有強大的關係網。

美國前總統比爾．柯林頓（Bill Clinton）能夠成功贏得競選，就與他擁有廣泛的人際關係有關。在競選過程中，他那些高知名度的朋友，可謂起到舉足輕重的作用，包括他小時候在家鄉的玩伴、年輕時在喬治城大學（Georgetown University）與耶魯法學院（Yale Law School）的同學，以及當羅德學者（按：Rhodes Scholars，指羅德獎學金的得獎者，此獎學金有「全球大學生諾貝爾獎」的美譽，每年挑選各國剛畢業的大學生，前往牛津大學進修）時的舊識。

他們為了幫助柯林頓競選總統，四處奔走、全力支持。所以，柯林頓當選總統後，也不無感慨的說：「朋友就是我生活中最大的安慰。」

只要動機純正，借助各種外力提高自己的知名度和辦事效果，是社會都承認的方式之一。人是捧出來的，有時候，即使你身邊的熟人並沒有提供實質幫助，但是他們的存在，本身就證明了你的身分和能力。

漢高祖劉邦共有八個皇子，生母不一。為了爭奪太子之位，子與子、母與母之間展開明爭暗鬥。劉邦有意立戚夫人之子如意為太子，可呂后想要立自己的兒子盈為太子，便找張良出計策。

張良獻上一計：「皇上一直想迎聘四位在野的賢人出山，但他們始終不肯，若太子將此四人迎為賓客，常請他們赴宴，必會被皇上看見而問其原因。」果然不出張良所料，高祖看見盈能請來不肯為自己出山的四位賢人，便認為盈為人恭敬仁孝，能讓天下名人慕名而來，終於立盈為太子。

可以說，盈的成功完全仰仗四大賢人的盛名，借助於他們的名望得到皇帝寶座。正所謂：「人微言輕，人貴言重。」由於名人是人們心目中的偶像，有著一呼百應的作用。權威人士的一句話，無論正確與否，都會引起別人的重視。所以，我們翻看一些企業的宣傳手冊，也會發現這樣的共同點。他們大都把企業老闆與國家領導、知名人士的會面，以及參觀企業的照片放在重要版面，以顯示企業的社會地位和影響力。其實，這是典型利用大人物和名人來提升、傳播影響力的做法。

無論做什麼事情，單靠個人的力量是行不通的。借助一些有權力的人，或知名度較高的人的力量，往往能幫你尋找到走向成功的捷徑。

江濱是個成功的商人，他的生意早已拓展到海外很多國家，而他在十六年前，還只是一個來自河南鄉下的窮小子。那麼，他是憑什麼贏得如此多的財富？他說：「我能有今天，靠的都是朋友的幫助。」人氣造就他這個千萬富翁。

江濱總共有兩、三千位朋友，每年都會見三、四次面的約有一千五百位，經常見面和聯繫的有三、四百人。也就是說，按照一年三百六十五天計算，江濱每天至少要見十二位至十七位朋友。

為了隨時認識更多的朋友，江濱總是隨身帶著自己的名片。他說：「要是哪天出去沒有帶名片，就會渾身不自在，好像自己沒有帶錢出門一樣。」而江濱累積的這些資源，在他事業的一步步發展中，扮演著不可或缺的角色。

大學畢業後，江濱在鄭州工作一段時間，後來在朋友的推薦下，到上海的一家珠寶公司擔任總經理，負責在上海籌建業務，開設零售店。在那段工作期間，江濱認識在上海的第一批朋友，他們做各式各樣的生意，其中有很多都是待在上海的香港人。

在這些香港朋友的介紹下，他加入上海香港商會。後來香港商會副會長的朋友，由於工作安排要調離上海，他推薦江濱為香港商會的副會長。而利用香港商會這個平臺，江濱又認識一大批在上海工作的香港成功人士。大家在一些公、私活動中都是好朋友，有些自然就成了生意上的夥伴。朋友帶朋友，使得這個圈子越來越大，升格為會長的江濱，花費更多的時間和精力來經營這項事業，也帶給他更多的朋友。

後來，江濱在朋友的推薦下開始投資房地產。由於當時上海的房地產已經火熱起來，有時候即使排隊都買不到房子。而江濱透過一些朋友，可以很容易的買到房子，而且還有折扣。幾年後，他在友人的建議下，又陸續變賣手上的房產，收益頗豐，為日後發展事業打下良好的基礎。

為了打響自己的名聲，跟各界人士保持良好接觸十分重要。**不要等待，一味的等待只會使你錯失良機**，你應該積極的一步一步做，沒有什麼不好意思的。

假如你到一個新的環境，如機關、企業、學校等，在彼此都不認識的時候，你要主動出擊，以真誠友好的方式把自己介紹給別人。

關係越廣，路也就越寬，事情就越好辦，這已經有無數經驗和教訓驗證。無論你在生活中希望得到什麼——浪漫的愛情、夢想的工作，哪怕只是一張球賽門票，你都有可能需要用到人脈。所以，你想成功，就一定要創建一個強韌的人際網絡。

2. 酒桌上的陌生人，不是無關緊要的過客

重視飯局的人，可以在飯局中吃出關係來，那些不善於交際或是沒有用心去交際的人，常會與貴人擦肩而過。和人喝過酒、吃過飯，卻沒有將其變成交往的契機，實在很可惜。

張先生的弟弟被人誣告，他慌亂之中問別人該怎麼處理，別人從來沒有接觸過這樣的事，也不知道該怎麼辦才好，只好建議他去找律師。張先生說，他過去也認識幾位律師，還同桌喝過酒，但已經好久沒有聯繫了，律師給他的名片，也不知道丟到哪。他無計可施，長嘆一口氣說：「唉，人到用時方恨少呀！」

人的一生中會結交許多朋友，有的會成為你的至交、有的會持續交往，但有的也會中

斷。交朋友固然不必勉強自己和對方，但不妨採取更彈性的做法。不管當時能否用得上這個關係，也不要讓它消失得無影無蹤，**應當分門別類，把他們通通納入你的「朋友檔案」**。

人們最容易忽略的「關係」，就是一些在應酬場合認識，只交換過名片、還談不上有什麼交情的「朋友」。這種朋友各行各業、各個階層都有，不要丟掉這些名片，而應該**在名片中盡量記下這個人的特點，以備再見面時能「一眼認出」**。

但重要的是，名片帶回家後，要**按照姓氏或專長、行業分類保存下來**。當然，不必刻意去結交他們，但可以藉故在電話裡向他們請教一、兩個專業問題。話裡自然要提一下你們碰面的場合，或者共同的朋友，以喚起他對你的印象。有過「請教」，他對你的印象自然會深刻些。當然，這種朋友不可能幫你什麼大忙，因為你們還沒有進一步的交情，但為你解決一些小問題應該還是可以的，更何況就你「認識他們」本身，就是一筆財富。

羅婭是個細心的女孩，天性就喜歡交朋友。在她當飯店接待員時，就不甘平庸，立志要做出更大的事業來。

平時她潛心觀察出入飯店的各種人物，只要有機會就去結識他們，跟他們要名片、要簽名、一起合照。遇上重要官員光臨、有重要會議、各界名人雲集時，她都會尋找適當的場合接近他們。久而久之，在她的筆記、照片中，累積了不少名人的簽名、贈言和合照。

同時，羅婭勤奮進修公關與行銷。後來她決定離開飯店到一家公司謀職。在應徵時，她選擇各界名人給她的一些贈言、照片，藉機和人事主管攀談開來。人事主管對這些東西也看得頗有興趣，它們簡直就成了一張張通行證和介紹信，令人事主管對羅婭另眼相看，覺得這個女孩不同於其他面試者。再經其他考核，最終羅婭勝出。她在這家公司大顯身手，創造了優秀業績，後來晉升為行銷主管。

生活就某些方面而言就像是一場比賽，只有了解並摸透比賽規則的人才能打得好，贏得勝利。而人生的真理是：**用對的理由認識對的人**。如果你能善用這層關係，你的生活將會大幅飛躍。

各種飯店、俱樂部、網球場、聯誼裡、飛機上……人生到處充滿著這些各式各樣的圈子。如果你能融入這些圈子，把你仰慕的對象變成你的朋友，找到可以影響你一生的貴人，成功就離你不遠了。

艾倫是一家酒吧的駐唱歌手，她與老闆簽了合約，每個晚上都要去那裡唱三首歌。這幾天艾倫發現，有一位四十歲左右的男人常來酒吧，他的風度和氣質都非常的從容淡定，與眾不同。在別的歌手唱歌時，那位男士只是靜靜的喝酒，但只要艾倫上臺，他就聽得非常專注，因此艾倫對他印象深刻。

有一天，艾倫在唱完一首歌休息時，走到那位男士的桌子旁邊，舉起手中的酒杯，微笑著對眼前的男人說：「先生，謝謝你為我這個無名小卒捧場，我敬你一杯！」

「小姐，妳的歌聲很有感染力，受過專業訓練嗎？」

艾倫坐下來，把自己的經歷簡單的說了一遍。原來，艾倫從小喜歡唱歌，為了實現自己的夢想，她離開家鄉到這個城市尋找機會。為了生計，她只好先在酒吧打工賺錢。

這時，那個男人的手機響了起來，他掏出一張名片，對艾倫說：「小姐，這是我的名片，明天妳到這個地址找我，我們好好談一談。」說罷便匆忙的走了。

艾倫看到名片上的名字，十分吃驚，原來這位男士就是她仰慕已久的音樂製作人，許多歌星都是從他那裡發跡的。

有許多人總是認為自己懷才不遇，這裡面當然也有客觀的原因，然而因為自己的自卑和退縮，而錯過機會的也不在少數。如果你想在某個方面尋找突破，有人拉你一把肯定比你在黑暗中獨自摸索要強得多。在面對那些強有力的人物，或者你還不能摸清他來歷的人時，不必先有畏懼之心，他們也是人，也需要別人的支援與合作。你可以這樣想：面對任何人生的轉折，我都要試一次。成功了，我的生活就會從此進入一個新的境界；不成功，就當作一次練習吧，反正我也沒有什麼損失。

勇敢的端起你的杯子，帶上你親切的笑容，和那些偶然相遇的陌生人溝通交流吧！一次投機的聊天，就可能使你們的關係翻開新的一頁。這些關係若能妥善維持，以後遇到問題，就算他們一時幫不上你的忙，也會介紹他們的朋友來助你一臂之力。

請記住，你的任何懶惰、懈怠或者是不好意思的表現，都可能讓貴人與你擦肩而過，而下一個機會，就不知要等到何年何月才會出現了。

3.

總在酒攤飯局觀察你做事多積極

一個人要在社會上站穩腳跟，靠的是實力，但不可否認的是，飯局為我們打開許多平時不曾留意到的機遇之門，幫助我們手中的事務能順利進行。你可以在酒會中，獲得平時根本不可能嘗到的甜頭，也能克服難以解決的棘手問題。負責社區工作的趙副主任，有過這樣一段耐人尋味的經歷：

趙副主任想在市區建一個游泳池，需要一千多萬元，多次向上級報告，卻一直沒有結果。後來有人建議，在酒桌上解決這件事，比報告要靈得多。於是，趙副主任請主管到酒店喝酒。席間，當他委婉的談起這件事時，幾個主管先是哼哼哈哈，不做回應。

酒過三巡後，主管的臉紅了、聲音也大了、話也多了起來。趙副主任見狀，又提一次關於建游泳池的事。其中一位聽了，喊道：「我們在喝酒，你談什麼游泳池，這樣吧，要是你能喝光這瓶白酒，這事就成了。」趙副主任原本就有些酒量，見主管放話，一咬牙就把剩下的酒全喝光了。

主管一看，大聲說：「夠意思，實在夠意思！」酒桌上的氣氛達到高潮。趙副主任那晚醉得一塌糊塗，但建游泳池的資金不久就批下來了。

有些事情，辦不辦與主管者本身並沒有多大的利害關係，但是他們手中的資源，也不是隨便就可以給人的。是否符合政策法規是前提，而酒桌上的應酬到不到家、氣氛到不到位，卻是極為關鍵的催化劑。

類似這樣的故事到處都是，如果一個人拒絕上酒場，幾乎等於自毀前程。正因為酒有「摧枯拉朽」的神效，所以大家一邊批判它、一邊又享受著它的好處，酒場公關也就成為職場、政壇、商界中的潛規則。

有些人遠觀別人獲得成功、獲取財富的過程，總覺得他們占盡天時地利人和。運氣來時，擋都擋不住。但不知你是否這樣想過：成功為什麼總是親近他，而不親近你？你是否也擁有他們那種努力不懈的熱情和主動？

二〇〇六年八月十八日，李偉創辦的思念食品有限公司，在新加坡正式掛牌，這是首家中國冷凍食品業在海外上市的企業。

一九九〇年，從河南鄭州大學新聞系畢業的李偉，躊躇滿志的做過公務員、記者。幾年之後，他辭職下海，先後賣過芝麻糊、開過電子遊樂場、做過蘋果牌牛仔褲的代理商。他說：「我對經營新項目有著特殊愛好。」

一九九六年，李偉才真正找到一個發展的契機。當時聯合利華（按：Unilever，為一家英國與荷蘭的跨國消費品公司）生產的「和路雪」（Wall's）霜淇淋開始在北京、上海、廣州等大城市熱銷，在當時，霜淇淋一支可以賣到二十元左右，利潤空間非常大。「要是能做和路雪的河南總經銷商就好了。」這就是當時李偉最想做的事情。沒想到，這簡單的想法給他的未來帶來無限商機。

由於當時和路雪剛進入中國市場，僅在一線城市銷售，像鄭州這樣的二線城市，根本不在聯合利華的考慮範圍之列，因此當李偉跑到和路雪設在北京的總部，要求做河南總經銷時，對方根本不予理睬。但執著的李偉沒有因此氣餒，先後到北京跑了不下十次，對方被李偉鍥而不舍的誠意所感動，開始對鄭州市場進行評估和考察。

在對方到鄭州進行最後一次考察時，李偉從朋友那裡借了一萬元，在鄭州最高檔的酒店請對方吃飯，甚至不惜投其所好，在餐桌上絞盡腦汁跟對方大聊足球，結果對方心花怒放，當場決定讓李偉試試。

這一試就一發不可收拾。當時和路雪在河南給李偉配備五輛冷凍車，並建造上千立方公尺的冷庫，李偉不僅透過經銷和路雪，累積一筆可觀的財富，也為後來涉足冷凍食品行業，創立「思念」品牌打下重要基礎。

天下沒有白吃的午餐，如果你心有所想，一定要用最大的熱情去爭取。從飯局入手，開啟你有所求的人的心扉是一條捷徑，因為在聚會上，人的情緒大都會非常好，更容易結成深厚的友誼，達成重要協定。

歷來西方政客習慣靠宴請，來說服猶豫不決的立法人員投自己一票。這頓飯可以是室外的午餐、非常講究的早餐，還可以是精緻的晚宴。但不管是哪種，每當有重要的提案要投票時，毫無例外的，銀質餐具便被搬出來。即使是政治捐款，也總是和吃聯繫在一起。

飯局可以向對方傳達不見外的資訊，以表示親近，認同對方是自己人。要辦的事先不說，先吃，這樣就沒有勢利感，事不成就喝酒，也不傷面子。

如果你每年有幾十次機會，和可以為你生活帶來影響的人一起吃飯，那麼你在個人生活和事業兩方面，一定都會有所成長。堅持不懈、鍥而不舍，即使不是每次都有所得，但一次的成功，就足以回報你數次的付出。

4. 有攤必到是丑角，如何篩選「熱局」？

在人才輩出、競爭日趨激烈的情況下，一般來說，機會不會自動找到你。只有你敢於秀出自己、讓別人認識你、吸引對方的注意，才有可能尋找到機會。那麼該怎麼做呢？就是要爭取在重要場合的一切曝光機會。

什麼是重要場合？比如舞會、宴會、記者招待會以及婚禮等，當然對職場人士來說，公司的會議也相當重要。重要的場合可能會同時匯聚自己的很多老朋友，你可以利用這個機會，進一步加深彼此印象，還能同時認識很多新朋友，因此不論是升職派對，還是生日聚會，最好都要積極參加。

大公司常在節日舉辦聚餐、舞會、郊遊等活動，有些不愛應酬的人士總是掛免戰牌，這樣做對工作絕無益處。許多老闆特別重視公司活動，因為憑著比較輕鬆的場合，他可以跟雇員多接觸，了解他們。如果你屢屢缺席，試問老闆怎會記得你？而且在悠閒之中，互相溝通也較容易，更可以在不知不覺間與老闆和同事熟悉起來。

石博和楊銳同時進入一家建築公司上班，公司規模不大，但部門齊全，各部門的人員彼此之間關係緊密，平時需要不斷的交流和溝通。

楊銳是很內向的人，平時不怎麼說話，只顧低頭做好本分，下班後就回家，沉浸在自己的興趣當中；石博卻很開朗，喜歡和人交朋友，工作之餘常與其他部門的同事聊天、吃飯、看電影，還經常幫上了年紀的同事沏茶、買早點，下班後也不急著回家，而是幫別人整理公司的內部資料，有時還陪同事去工地。

久而久之，石博在公司裡變得很受歡迎，公司的同事都願意和他交朋友，有什麼事情也愛跟他傾訴。年終的時候，公司要評選年度優秀青年棟梁，同事都喜歡石博，因此他以最高票得到了這個稱號，還獲得一筆不少的獎金。

而楊銳的票數寥寥可數。他平時不怎麼和同事溝通，也不和同事交朋友，同事不了解他，因此也沒有把票投給他。後來，石博深受老闆的器重不斷升遷，而楊銳卻依然如故，不僅沒有升遷，還面臨著被解僱的危險。

一個人在公眾場合下展現自己的能力，讓大家心服口服，就是為了創造一個可以「比較」的局面。因此，一個聰明的部屬應在公共場合多表現自己，以換取主管的器重。如果只悶著頭做自己手裡的事，在眾人眼裡難免就有太孤僻、不合群之嫌，被邊緣化也就是逃脫不了的結果。

當然，**曝光也要注意分寸**，不要過於刺眼，免得招受眾人的譴責，而且**曝光的次數與頻率也不宜過多**。如果你不分場合愛亂湊熱鬧，人們就不覺得你有什麼稀奇的地方，只會罵你愛出風頭。因此，你應當為自己**留一些絕招，待重要的場合再曝光**，這樣人們就會大加讚賞你偶爾展露的才華，並願意將大事託付於你。

《富比士》（*Forbes*）雜誌發行人邁爾康・富比士（Malcolm Forbes）在和好萊塢巨星伊莉莎白・泰勒（Elizabeth Taylor）建立密切聯繫之前，雖然已經是雜誌出版界裡響叮噹的人物，但如果和超級巨星比較知名度，還有一段距離。因為，再怎麼有名的雜誌大亨，圈外人知道的也還是不多。而伊莉莎白・泰勒曾兩次榮獲奧斯卡獎，她本人也被稱為「好萊塢的長青樹」。

富比士認識泰勒後，為她和她所致力的愛滋病防治運動投入不少時間和金錢。所以，在他七十歲壽誕時，他要連本帶利的收回投資。在這場耗資七億元的超豪華晚宴上，泰勒以女主人的身分出現，從而成為宴會上最閃亮的明星。

這次宴會在摩洛哥皇宮舉辦，共有八百多名工商鉅子和政要顯貴參加。出席宴會的名人大致可分為兩種：家喻戶曉的明星級人物，如名主持人芭芭拉・華特斯（Barbara Walters）、政治家亨利・季辛吉（Henry Kissinger）、企業家李・艾科卡（Lee Iacocca），以及來自石油世家的戈登・蓋蒂（Gordon Getty）等；另一種貴賓則是《富比士》雜誌出版企業的衣食父母，包括美國信託公司、二十世紀福斯影片公司（20th Century Fox）、國際紙業（International Paper Company）、西屋電氣（Westinghouse Electric）公司、福特公司（Ford）等各大企業的實業家。

這些世界上名聲響亮的大人物，可以說是富比士最寶貴的收藏品，不斷帶來名望和利潤。而好萊塢巨星泰勒小姐以女主人的身分出現，更為這場宴會增添了風采。富比士大肆鋪張，卻能夠免遭批評，在於宴會目的與其說是社交，倒不如說是為了做生意——那可是新聞界與廣告界的社交大會。從這個角度看，所謂的「客人」其實都等於在出公差。而作為組織這次宴會的人，富比士的社會地位和社會形象也得到大幅度的提升。

也許你還只是個普通的小人物，並不具備安排大場面的能力，那麼，你可以盡量想辦法參與其中，沾一下「熱局」上的「熱力」，說不定對於你的事業，就是個重要的契機。

5. 要「高接觸」

如何建立關係，是現代人面臨的一個重要問題。社會經濟飛速發展，帶來了人際關係的重新排列和組合。一個人一生所面臨的各種關係，比以前更新鮮、更複雜，變化也更快。這就表示我們的頭腦須時刻保持清醒、靈活，更快的去適應社會，動用更多的心思和手段，去經營周圍的人脈。

處理好這些關係就是你一生最寶貴的資源，提供源源不斷的幫助，助你出人頭地、走向事業的頂峰；處理不好，則會帶來很大的障礙，造成許多損失。因此，連比爾．蓋茲（Bill Gates）都說過「高接觸和高科技同樣重要」，和更多的人溝通，就可以獲得更多的機會。

阿珍是會計系，大學畢業後在一家小企業做財務出納。有一次，她隨一個好友去外面吃飯，無意中結識好友的朋友何軍。得知何軍是一家大企業的財務主管後，憑藉著自己的真誠和聰慧，阿珍和何軍成為了朋友。

之後，阿珍在節日、假日時，總會發一段祝福的話給何軍。果然，阿珍透過何軍又結識更多懂財務的人，也同樣讓何軍的朋友變成她的朋友。後來，何軍的一個朋友獲知，自己所在公司的附屬企業正缺一位會計，便趕緊通知阿珍，阿珍也靠朋友關係獲得一份稱心的工作。

隨著社會進步、提高人們認識的機會，也加深了對人脈的重視程度。在所有的社會資源中，人的資源要排在首位，大家彼此相互照應，「一方有難，八方支援」，這句話說明朋友關係已進入更高的階段，不受時間、空間所限，只要有聚，那份關係、那份情將取之不盡、用之不竭！

事實上，那些精通人情世故，在社會上左右逢源的人，都比一般人的眼光更為敏銳，他們都深切懂得此道理。風靡一時的官場小說《駐京辦主任》中，有這樣一段故事：

東州市地產商陳富忠，宴請市駐京辦主任丁能通。陳富忠滿臉笑容的為丁能通斟滿酒，開門見山的說：「能通，大哥遇到困難了，只要你肯伸出手，大哥就有救，大哥是講義氣的人，你心裡最清楚，受人滴水之恩，必當湧泉相報。」

原來，陳富忠正與港商合作開發五星級酒店，資金一直很緊。他求賈市長批准的十五億元貸款，銀行行長段玉芬遲遲卡著不貸，陳富忠知道丁能通跟段玉芬是大學同學，而且關係不錯，就想拜託他去商量一下。

聽完後，丁能通顯得有些為難。這時，陳富忠遞過來一張信用卡。「能通，這是大哥的一點意思，可別嫌少。」丁能通不是有鉤就上的人，他提出交換方案：這個忙可以幫，錢卻不能要。他要陳富忠介紹幾位對投資酒店感興趣的港商，給自己認識。

陳富忠立即就明白丁能通要招商引資，利用這次機會促進當地經濟的發展。於是，他答應將正與自己公司合作的港商——東南亞一帶有名的投資家介紹給丁能通，結果這頓飯吃得皆大歡喜。

丁能通對於燙手的錢，從來都不會動心。他認為賺錢靠的是智慧，而非受賄。況且，再多的錢也有用盡的一天，然而，從關係裡可以創造的財富卻不可估量。整合各種社會資源為自己所用，拉動東州的經濟發展，增加自己的事業籌碼，這才是他的追求。

關係看不見又摸不著，雖不能像珠寶店裡的黃金、珠寶一樣標明價碼，但其中的「含金量」卻不能相提並論。不要金錢要關係，絕對是一種既安全又聰明的選擇。善於與別人交換人脈資源，可以擁有更加豐富、完善的關係。

想要創業成功，不是引「無源之水」、栽「無本之木」。創業者所需的資源，可分為外部資源和內部資源：內部資源即是創業者個人，所占有的生產資料和知識技能，包括有形資產和無形資產，不過這種資產都屬於個人；外部資源則是指建立關係資源，也是創業者建構人脈和社會網絡的能力。當上述兩者全都備齊時，他的成功也就指日可待了。

一個人充實內部資源，靠的是自己的累積與修練；充實外部資源，考驗的是他的定力、耐力和借風使船的能力。

第二章——飯局不是單方面拜託誰，得是資源交換

1.

抬轎的和坐轎的都須心知肚明的是……

要在社會中取得成功，上面需有人提攜、下面要有人支持。這裡面有公務也有私交，聚會的意義在於提供人們一個交流平臺，知道對方缺少什麼，也讓對方知道自己需要什麼，方便進展下一步關係。

在我們大多數人的印象裡，飯局是地位低、手中資源少的人，向地位高、有更多支配權的人尋求關照的手段。事實上，只要你是社會的一員，就需要與他人溝通和交換，即使是領導者也不例外。

現代心理學研究說明，情感是雙向交流的，有所給予才會有所得。如果你只擁有某種權力，卻不能征服人心，就不算什麼權力；如果有一顆富於同情的心，就會擁有許多僅靠權力無法獲得的人心。

華人社會就是講究人心、人情。上層關心愛護部屬，部屬才會尊重、擁戴你，才會心甘情願的接受你的領導。只有領導者和被領導者雙方的情感融洽，才會形成巨大的凝聚力。

某市的潘副市長作風保守，但是卻以人情味著稱。他最大的特點就是關心部屬，凡是跟他合作過的人，無不以「我是潘副市長的人」自居。潘副市長知道下層的辛苦，有什麼好處從來不會忘記大家。平時，身邊的工作人員碰到什麼特殊的困難，例如意外事故、家庭問題、重大疾病、婚喪大事等，潘副市長都會盡量到場、雪中送炭。

另外，在非工作場合，潘副市長總是非常平易近人，和他一起吃過飯、打過高爾夫的普通官員不在少數。他知道做官也是做人，上面關照、下面的支持都是不可或缺的，為官者要不失時機的付出一些情感投資，之後請部屬幫忙辦事就會收到異乎尋常的效果。

美國前總統尼克森（Nixon）在《改變歷史的領袖》（*Leaders*）一書中寫道：「我認識的所有偉大的領導人，內心深處都有著豐富的情感。」換一種說法，這些偉大的領導者都很有人情味，很善於照顧部屬。是的，只有做一個富有人情味的領導人，才有可能「偉大」，才能征服部屬的心，讓他們永遠為你效力。

如果以上對下來說，聚餐的效用在於凝聚人心，那麼以下對上，飯局則更側重於一種表達。不僅是要表達你的忠誠和善意，更重要的是，透過這個平臺讓領導者了解你的心願，看到你具有擔當大事的能力。

以前有種說法叫做「做事要學胡雪巖」。作為清末赫赫有名的紅頂商人，胡雪巖做事的確有他的獨到之處。胡雪巖很多條經商通道都是靠銀子堆出來，但是到了江浙總督左宗棠那裡，就要換一個方法了。

胡雪巖初見左宗棠時狀況並不好。當時戰亂未定，胡雪巖的知交好友、官場的靠山王有齡，在杭州城破時自盡，而胡雪巖為杭州購買糧食，卻沒有交易妥當，市場上盡是關於他「攜款私逃」的風言風語，左宗棠幾乎要拿他查辦了。胡雪巖經過一番籌劃之後，決定主動解開這個結。

面對左宗棠時，他首先交代當日太平軍圍攻杭州時，他受知府王有齡重託，到上海買糧一事。救命的糧食運到之後，儘管眼中泣血，怎奈無法突破敵軍的防線交接，不得已才轉運至寧波。

胡雪巖表示，自己有一萬石的米，停放在杭州城外的江面上，可隨時派人驗收。此時清廷國力衰弱，各路官兵的糧餉多靠自籌。所以，這一萬石米對左宗棠的意義非同小可，他要建功立業、肅清浙江全境，糧草乃是基礎，因此聽說這是胡雪巖無償的報效時，不由得動容，於是詢問胡雪巖此舉的動機。對胡雪巖來說，他登臺唱戲的機會來了。

當談話地點由外書房移至總督府的餐桌上時，胡雪巖藉此表達對時局的看法，恰到好處的恭維起左宗棠說：「大人也是只曉得做事，從不把功名富貴放在心上之人。」這一次，兩人談得分外投機。

此後，胡雪巖透過添購武器、採糧、籌餉等事務，幫助左宗棠施展抱負、建功立名。同時，也藉這股東風，成就自己富可敵國的大事業。

在所有的人際交往中，都以「給予」和「回報」為基礎。沒有這種相互關係，社會平衡和凝聚便不復存在。但是，如果僅以金錢、物質標準來衡量，要達到等值或許不可能。這時，感激、服從、服務、忠誠等態度，就使人們在主觀認知上達成某種平衡。

從事實來看，也正是上述特質，促進並強化人與人之間關係的平衡，使這關係在沒有外在強制下也依然如此。

2. 再怎麼有能力，也需要別人給機會

在這個社會上，無所不能的人幾乎不存在，而最能整合資源的方式，就是拿自己豐沛的、完全可以掌控的東西，與他人交換稀有資源。地位特殊的人從別人那裡得到實利之後，完全可以透過自己的影響力，幫助對方開闊眼界，提升身分。交換，也就可以由此獲得圓滿的結果。

在美國，由於總統選舉需要大量的捐款經費，於是總統候選人接受個人捐款，並在當選後給予一定的回報，就也成為一種政治常態。

柯林頓總統於一九九三年就任之初，曾經任命在一九九二年競選期間對他捐款較多的人，擔任美國駐外大使。根據報導，捐款多少與外派國家關係十分密切，捐得越多的人可以

得到越輕鬆的閒差。例如，捐款排名第一的人出使奧地利，其次出使荷蘭，第三名的出使瑞士，其餘依次被派駐丹麥、法國、比利時等國。派駐聯合國的女大使馬德琳・歐布萊特（Madeleine Albright）捐贈的競選經費，在十名捐款大使中排名第九，為八十八萬元。

一九九五年七月，據美國媒體披露，民主黨為了隔年的總統競選，向可能捐款的對象開出清單，只要肯花錢，總統、副總統、第一夫人和第二夫人都能見到。

花多少錢，就能享受不同程度的禮遇：捐三百萬元，可以分別與總統柯林頓和副總統高爾（Gore）吃兩頓飯，並參加民主黨到國外的貿易代表團；捐一百五十萬元可以應邀參加總統酒會，並與高爾共進晚餐；捐三十萬元可以參加總統酒會等。一九九六年，柯林頓總統為了募捐，先後參加兩百三十七次這類募捐活動，有時他甚至在同一個晚上、同一家旅館，參加兩個晚會。

我們生活在群居的社會裡，一個人是不可能獨自完成他一生的事業。無論什麼事，只有團結起來，集中力量達成目的才是明智之舉。每個人都要借助他人的實力和智慧，來完成、超越自己的人生，於是這個世界充滿競爭與挑戰，但也充滿合作與快樂。只有團結合作，才能達到雙贏。

優秀人才結合在一起，就會相映生輝、相得益彰。有些人樂於助人、廣結善緣，產生較強的親和力，工作起來就得心應手，左右逢源；相反的，有的人雖然自身資質不錯，卻與他人關係緊張，在需要合作的事情上明顯發揮不了作用。

合作不僅能夠發揮夥伴的能力，創造良好的條件，還會產生彼此以前都不曾擁有的新力量。最成功的合作事業是由才能和背景不相同，又能相互配合的人所創造出來。

現在競爭越來越激烈，你不可能單憑一己之力就完成；相反的，你應該利用集體的力量，與人互通有無——團結合作才能獲得成功。

一個人的能力相當有限，只有善於與人合作的人，才能夠與他人優勢互補，達到原本達不到的目的。這就比如醫術高明的外科醫生，必須與幾個好助手或技術熟練的護理師相互配合，才能完成高難度的手術。

所以，一個人如果缺乏與他人合作的精神與能力，他不但在事業上難有建樹，甚至連適應社會都會感到困難。

3. 你認識你朋友的朋友圈嗎？

我們在結交朋友的時候，也可以選擇簡便有效的方法，迅速擴大自己的交友圈。怎樣才可以做到這點？那就是多認識一些朋友，透過他們再認識他們的朋友，由這個朋友圈再結識另外一個朋友圈，這比一個一個去認識朋友的效率要高。

每個人都想要出人頭地，如果整天和狐群狗黨混在一起，就只懂得吃喝玩樂，絕對學不到對自己有利的東西，更不可能透過他們的幫助，來改變自身命運。

所以，想擁有成功的人生，一定要有選擇的去結識有價值的朋友，避開沒有價值的人際關係。如果能做到認識一個人，就結交到一個新的圈子，無疑是交友的最佳境界。

趙經理是大成集團銷售部的主管，他的業務需要直接與企業老闆或高層談，但要聯繫他們並不容易。還好，他有位在特定部門工作的同學，他透過這位同學得到很多VIP客戶的名單。趙經理拿回來一看，名單都是大企業老闆、當地房地產公司老闆、電器公司、甚至銀行老闆的聯繫方式。要是能結交其中一位，就不愁沒有業績了。

趙經理再三權衡後，決定先聯繫房地產公司的黃老闆。具體經過不用多說，反正這位黃老闆最終被趙經理「拿下」了，兩人還成為朋友，經常交流銷售心得。

之後，趙經理也認識黃老闆圈子裡的很多老闆，比如做電線的、做電器的、銀行的等，這些人跟趙經理也都成為朋友，然後跟這些人的朋友也成為朋友……日子久了，趙經理已經不愁沒機會找到潛在客戶了，他現在的工作就是跟這些朋友吃飯、娛樂。

在趙經理看來，這些老闆都是優秀的人，也都是貴人，他需要他們，所以要跟他們交往。生活在貴人圈中，就不愁身邊沒有貴人，也不必擔心自己得不到貴人相助。

人是現實的，什麼人有價值、什麼人沒有價值，我們自己應該最清楚。良好的人際交往可以帶來資訊共用、情感溝通、相求相助三種作用。所以，人際交往要有選擇。

假如你認識一個人，而你不一定認識他的朋友，但那個人說：「下星期我們有個聚會，你來參加我們的聚會吧。」你參加那個聚會，就有機會認識來自四面八方的人，擴大自己的人脈。

而且，每個人又都有自己的網絡，所以當你認識了這些人，也就意味著在不久的將來，又會有另一群新朋友加入你的網絡之中。這就如同數學的平方，單以這條主線來建立你的人脈，速度就會十分驚人。

有一家公司的經理在商界打拚多年，也算是廣交朋友。可是，由於經營專案有些限制，原本結交的人大都是和公司開發專案有關的人。所以，最近他正為找不到科技方面的人脈而發愁，公司新研發的項目也因此擱置下來。

正當發愁之際，一位商界的老朋友打電話過來，想要他幫忙邀請一位廣告界的老闆，來參加自己舉辦的宴會。這位老朋友最近正要推出一個新品牌，希望能透過朋友介紹，得到廣告界的支持。於是，這位經理幫忙老朋友後，也在聚會中認識好幾位科技人士，可謂莫大的幫助。

靠別人來壯大自己的人脈，其實就如同做生意，是一種平等交換。我們與朋友間之所以能夠維持關係，正是因為彼此都能提供對方所需的東西，藉此彌補各自需求，所以這種交換對雙方都有意義。

人脈關係如同一個巨大的網，網中的每個連接點都能為你帶來一條人脈線，它們大都透過社交獲得。利用這種方式累積人脈的成本最低，也最省時間和精力。沒有人可以限制你交友圈的發展空間，唯有你自己可以決定它的大小，這就端看你的努力程度了。

要壯大自己的交友圈，就要學會與別人互換資源。假設有一個人對你很冷淡，既不能與你共用資訊、情感溝通，也不能提供幫助，但一有困難就跑來找你，這樣的人你會和他做朋友嗎？恐怕不會。

朋友之間的關係不是一味的索取和奉獻，而是互求互助。如果你想贏得朋友，那就必須建立某種互利關係，加深你們的連結。

4. 隨緣結交，投桃報李

從本性上講，人們不喜歡被別人利用、占便宜，當認為與他人的關係很公平時，就會獲得最大的滿足。彼此相知、禮尚往來的人才是長久的朋友。人們的物質和道德生活都透過交換，顯現出包含其中的利益關係，以及人與人之間的義務、責任、信任和感激；同時，又藉此強化人們相互依賴的關係。我們也可以說，只有**透過互利互惠建立起來的人際關係，才真正牢不可破**。

比如，某人若與你非親非故，僅有數面之緣，他是否和你有關係還真有些說不清，連你自己都不確定。但這一切並不妨礙你們發展關係，**交往過後時間將會替你作答**，引領你摸著石頭過河。一邊交往、一邊確認，其標準就是人情授受，也就是有無互相委託辦事，或是辦事後是否有酬謝。

新朋友初識，彼此接受人情等於認同關係，反之則等於不認同，一方辦事、一方還人情，這一來一往遂成關係。若兩人一致期待將來一直交往下去，關係就會開始如鐵一般，形成牢不可破的利益同盟。

生活中，有些人一旦得勢之後就會作威作福，給人感覺「我是天下第一」。他們沒有想過，與人互通有無、互惠互利，其實也是播下人脈的種子；不懂得與人為善，一旦遇到變故需要支持時，說什麼都晚了。

清代的曾國藩雖以理學譽滿朝野，但絕不是位迂腐的理學先生。他深諳歷代權臣的用人之術，又有自己的一套識別、培育、籠絡人才的辦法。

曾國藩深謀遠慮，總會破例錄用人才，把召來的人安排在自己的營中，讓他們辦理一般文書、參謀事宜，在實際工作中接受鍛鍊、增長才幹、修養性情。曾國藩在軍中，早晚兩頓正餐多是和幕僚一起吃，一邊吃飯、一邊分享閱歷與讀書心得談古論今，使幕僚迅速增長學問、拓展眼界，也能聯絡感情。

曾國藩為培養人才煞費苦心，而他的心血也確實沒有白費，他一生的事業有很大部分，正是靠這些人才壯大起來。在這些人才中，曾國藩花費最多心血、提拔最多、成長最快，也最能繼承衣缽的，就是後來的「中堂大人」李鴻章。

當年李鴻章遠赴上海練兵平亂時，曾國藩親自為他餞行。在安慶城最大的酒家懷寧酒樓門前，曾國藩全副正一品頂戴，莊嚴隆重的和李鴻章攜手而來。三樓早已布置好一桌豐盛的酒席，冷盤熱菜、燒燉湯汁，每道菜都體現徽菜（按：中國八大菜系之一）風味，廚師更別出心裁的用紅蘿蔔絲擺出「福」、「祿」、「壽」、「禧」四個字，招得酒樓上下滿堂的喝采！

曾李兩人相對而坐，李鴻章激動的說：「恩師為門生舉辦這樣隆重的送別儀式，令門生沒齒難忘。不管今後發生什麼變化，有一點絕對不會改變，那就是，鴻章今生今世永遠是恩師的門生，是年伯的猶子。」

李鴻章極為佩服自己的老師，把曾國藩比作釋迦牟尼佛，自己是佛門傳徒習教之人。他事事請命、時時請命，有何創舉總拜求曾國藩創首，有何大政總拜求曾國藩主導。尤其是洋務大政，李鴻章推曾國藩帶領，從而掀起極大的聲勢。李鴻章也對曾國藩投桃報李，每月僅接濟安慶大營的銀兩，就達四萬元之多，洋槍洋炮更不計其數，有一次僅子彈就送了一百萬發。

曾國藩的成功，大都在於培養人才、提攜後輩，一方面保證自己的事業能不斷擴大，另一方面也保證政策能繼續延續下去。而且難能可貴的是，在曾國藩去世後，李鴻章與曾家的子弟仍然親如一家。看在老師的情分上，他多次照顧曾國藩的兒子、女婿。這一切，都得益於曾國藩當年的苦心經營，撒下好的種子。

幫助別人就是壯大自己，也就是幫助自己。如果你幫助他人獲得他們需要的東西，你也會因此得到你想要的東西，而且幫助的人越多，得到的也就越多。

人際間的互惠互利，有交易也有真誠的感情，若永遠是一方付出、另一方坐享，恐怕過不了多久，這種關係就會變質。人情世事包含著真誠與虛偽，雖然只是一種形式，卻是維繫關係不可缺少的元素。天下沒有白吃的午餐，時常投桃報李，情分才能越處越深厚。

5.「不認識對方」？那就讓對方認識你

俗話說「吃人嘴軟」，越是吃得豐盛、越開心，就越有這種效果。當然，不是說請人吃飯就可以達到所有目的，但對於增進雙方關係，還是有其人性根據的。所以，全世界的人都喜歡在餐桌上溝通，有的先吃後說，有的先說後吃，有的則邊吃邊說。所以「安撫好對方的胃，事情就已成功了一半！」這句真是所言不假。

蘇娟的公司來了一位新主管，不知道是還懷念著舊主管，還是這位新主管長得不高也不帥，蘇娟對他始終沒有好感。其實，對新主管沒有好感的不只蘇娟一個，幾乎整組的同事都不喜歡他。可是又不能把他趕走，自己也不可能調職……怎麼辦？蘇娟有點擔心。

新主管到任後，宣布請大家吃飯，說是要「大家彼此熟悉一下」。這種聚會沒有理由拒絕，雖然蘇娟不太樂意，還是去吃了。席間，新主管和其他同事有說有笑，大家都吃得很高興。之後，蘇娟開始覺得新主管也蠻可愛的，其他同事也都有同樣的感覺。

這位新主管可以說對人性相當了解，不費吹灰之力就解決他的困擾。雖然是平常的聚會，但從邀請到吃飯都包含著許多值得玩味的意義。

飯桌可以輕易拉近彼此距離，這位新主管在飯桌上放下身段，顯示他的親和力，讓同仁認識他真實的一面，表達他和同仁在尊嚴上的對等。人們對於陌生的人事物都有微妙的排斥感，這時候如果有人放低姿態，想辦法與他人近距離接觸，那麼陌生就會變成熟悉，排斥就會變成接納。

在演藝圈，導演馮小剛與演員葛優是一對黃金組合，也是中國電影票房的保證。他們的合作，就緣於馮小剛的執著。

一九八八年，電影《頑主》在中國上映。馮小剛被葛優戲裡滑稽的造型和獨特的風格吸引，當時他正和王朔編寫劇本《編輯部的故事》，看過《頑主》後，當即想讓葛優出演李冬寶這個角色。馮小剛在圈內打聽很久，卻找不到葛優的詳細住址。

某天，馮小剛向王朔說起這個煩惱，沒想到王朔不僅認識葛優，兩人還有交情。馮小剛喜出望外，立刻請王朔帶他去見葛優。王朔笑呵呵指著窗外說：「正下雨呢，急什麼呀！」馮小剛則回答：「怕什麼，走吧，雨中拜訪心更誠呀！」

兩人找到葛優住所，結果吃了閉門羹。找鄰居打聽，恰好那人是葛優的妻嫂，她邀請兩人進屋，但馮小剛執意要到樓下去等。於是，兩人就在樓下找了一個車棚，邊避雨邊等葛優。

大約過了四十分鐘，葛優回來了。看見馮小剛和王朔正在車棚裡等待，趕忙請他們進屋。一進屋，馮小剛就開始不停的說劇本的內容、人物和情節，希望葛優去演男主角。

葛優不好意思的說：「前段時間，我已經答應張小敏導演，在她的電影《大衝撞》中飾演一個角色，怎麼好意思反悔呢？」馮小剛仍熱情不減：「張導請你演的是個配角，我們卻是請你演主角！再說，王朔編劇時可就是按你的模樣來寫，你不妨評估一下哪邊輕、哪邊重。」最後，馮小剛留下劇本，請葛優慎重考慮。

兩人走後，葛優的妻嫂告訴他：「人家早就來了，外面下著大雨，要他們進屋都不肯，一直在樓下的車棚裡等你。」葛優聽後，十分感動。

當晚，葛優仔細的看了《編輯部的故事》劇本，發現此劇本詼諧幽默，令人捧腹大笑又發人深省。第二天，他便硬著頭皮謝絕張小敏導演的邀請，開始接拍馮小剛的劇。從此一發不可收拾，葛優也開始與馮小剛長達二十年的親密合作。

馮小剛的邀請，就像是一道好菜，材料好，分量足，事情就沒有不成功的。所以說飯局不是目的而是手段，只要能表達出你的心意，設局的方法自可千變萬化，把人拉到自己這一方，局的效果就達到了。

事實上，一頓飯、一份小禮物、一次真誠的表達，也不需要太高的價值，所費的心意也不必太多，可是吃了、拿了、接受了，自己的行為、判斷和堅持就會產生變化，人性就是這麼奇妙。

如果在生活中，你常會因為不與人同流合汙、不向人妥協的清高誤事，那麼適當的放下架子，融入人群之中，你會找到更多樂趣，看到更多成功的希望。

6. 欠人情。不管誰欠，都很好

人與人之間就應該互相信任、互相幫助。和人共事，親和的態度與毫不設防的姿態，會使對方備感溫暖。試想，若人們平常有此表現，人際關係定會和諧愉快。如果不了解這種基本原則，又想建立良好的人際關係，無異是在原地踏步罷了。

以裝修為例，很多人知道，裝修合約是不完全合約（按：Incomplete Contract，締約雙方無法預料，在契約履行期內可能出現的各種情況，因此難以達成設計周詳的條款）。無論事前考慮的有多周到，也不可能把每個細節都寫進去。即便把所有細節都寫進合約，工人執行起來也可能走樣。

目前，不少人採取現場監督的方式，但是，由於施工問題大都是技術活，一般人都是門外漢。即便緊跟在工人身後，最後發生投機取巧的行為，客戶也往往發現不了。

那麼，如何才能做好裝修工程呢？答案就是請客吃飯。在每道工序（主要是水電工、水泥工、木工、油漆工）進行之前，先請工人吃頓飯。從事後來看，這能激勵他們認真施工，雖說現代社會比較沒有誠信，但畢竟是生活其中，絕大多數人還是有良心的。吃了人家的飯，怎好意思不認真工作？這種信任，往往比監督有著更好的效果。

真正懂得交往之道的人，是在自己能力範圍之內，盡量「給予」他人幫忙，他們會考慮到對方的立場以及需要，盡可能的幫助對方，而受到這種「給予」的人，只要稍微有心，絕不會毫無回禮的，也會在能力所及的情形下與你合作。

劉麗是某小企業的總經理，該公司長期承包大建築公司的工程。所以，劉麗需要和這些公司的重要人物搞好關係。她的高明之處在於，不僅奉承公司的顯要人物，對年輕的職員也殷勤款待。

平時，劉麗總是想盡辦法的了解大公司中各個員工的情況。當她發現公司裡某個人大有可為、以後極有可能成為該公司的棟梁時，不管他有多年輕都會盡心款待。因為她明白，欠她人情債的十個人，會有九個帶來意想不到的收益，她現在是在為以後更大的利益投資。

所以，當年輕職員張強被提升為部門經理時，她就特地找時間前去祝賀，並贈送禮物。

等張強下班之後，她還盛情邀請他到高級餐廳用餐。張強從來沒有去過高檔的地方，自然極為感激。張強認為，自己從未給過這位總經理任何好處，現在也沒有掌握重大決策權，可見這位總經理是真的愛惜人才，是個可交的人。

更為高明的是，劉麗卻說：「我們企業能有今日，完全仰仗貴公司的幫助，而你作為貴公司的優秀職員，向你表示謝意是應當的。」她的這番話，又減輕張強的心理負擔。

沒過多久，張強憑藉自己的實力，成為公司的高階領導。劉麗的策略自然就起了作用，生意場上競爭激烈，許多承包商倒閉、破產，但由於張強的大力支持和幫助，劉麗的公司仍舊生意興隆。

但是，要記得幫忙時不要令對方覺得，接受你的幫助是種負擔，應該做得自然，也許在當時對方無法強烈感受到，但日子越久越能體會到你的關心，能夠做到這一步是最理想的。當你幫忙他人時要高高興興，切勿心不甘、情不願。如果對方也是個能為別人考慮的人，你的幫助絕不會像射出去的子彈一樣一去不回，他一定會用別的方式來回報你。

我們要明白：**幫忙是互相的，不可以像做生意一樣，赤裸裸的把每件事都分得清清楚楚**。忽視感情交流，會讓人興味索然，彼此的交情也維持不了多久。

7. 每種恩惠都有枚倒鉤，請不吝給人溫暖

華人社會講究「情」字，這恰巧也是最大的弱點。自古以來就有「生當隕首，死當結草」、「女為悅己者容，士為知己者死」的說法，都驗證了這一特點。因此，聰明的人會利用感情去投資，提高自己的人氣。

魏敏是一家公司的董事長，懂得用小恩小惠來拉攏人心。她的公司有一個司機，經常胃痛。魏敏知道後就囑咐他多注意飲食，每次公司要他出車時，魏敏都會帶上一包餅乾給他，以防他半路上因飢餓而犯胃病。

魏敏在公司總是笑臉迎人。偶爾看到有些職員手頭緊，或是便當菜色差，就會自掏腰包讓他們去吃好料的。由於大家不太愛吃公司的午餐，有一次她乾脆派人去飯店點菜並帶回公

司，大家一起在會議室裡聚餐；遇到忙於送貨而沒吃飯的員工，她都會請他們吃飯，還額外發送一些補貼。她的這種小恩小惠，讓公司的上下關係非常融洽，公司的效益也節節高升。

人都是有感情的，人人都難逃脫一個「情」字。但想獲得別人的感情，自己首先就要多付出。儘管在當今社會中，由於生活節奏日漸加快，人與人的關係比以往淡漠，但是「人情生意」卻從未間斷過。要想辦事順利，就要提前準備籌劃，為自己儲備人情。

略施小惠是以點滴的施惠，依不同時候給予他人好處。等累積到一定程度時，水就會溢滿並沖出一條新渠道，讓對方依我們的意志而主動配合，達到目的。一次又一次的施予對方小小的好處，當有需求時，對方通常是不會、也無法拒絕的。

著名的英國玄學派詩人約翰．鄧恩（John Dunn）曾說過：「每種恩惠都有枚倒鉤，它將鉤住吞食那份恩惠的嘴巴，施恩者想把他拖到哪裡，就能拖到哪裡。」這句話生動的將互惠原則描述得淋漓盡致。

的確，人類在感情因素以及道德因素的影響下，會對幫助過自己的人產生虧欠感，進而在尋求內心平衡時，成為施恩者的追隨者。

應當注意的是，施予小惠不能急功近利，要著眼未來，從長計議。略施小惠要平時點滴累積，如果一下子給對方很大的好處，對方一定會擔心你之後會要求更大的回報而迴避。

所以，施小惠時要順其自然、水到渠成，不要讓人感覺絲毫做作。因為平時的恩惠，會讓別人覺得你這個人就是這樣，沒有故意拉攏人心之嫌。所以說，如果你平時不注意小施恩惠的重要，只在關鍵時刻想要拉攏別人，別人會對你不屑一顧。

並不是只有傾囊相助的義舉，才會產生信任和感動。有些時候，平時的小恩小惠更能籠絡別人的心，讓他人心甘情願的為你付出。

第三章

——成就好事的好飯局，該怎麼吃

1. 你需要幫助，但先舉出他能獲得的好處

交易讓人鄙視，交情卻一向讓人推崇，兩者都是互通有無的交換。在氣氛融洽的聚會上完成交易，能突出朋友的情分，淡化它的本質，無論哪一方都很容易接受。

交際靠的是人際關係。有些人不善交際，所以事事不順，彷彿到處都是路障；有些人則善於觀察，巧妙自如的在社交圈裡馳騁縱橫。其實，飯局是磨練人的戰場，有些人跑斷了腿卻無濟於事，有些人則展開社交，體悟出人生智慧，打了一場又一場的勝仗。

想讓自己成功，絕對不能忽視你的人緣。成功者彷彿天生就有一種魅力，三言兩語就能使雙方關係提升到一個新的層次。這裡面有個非常簡單實用的小技巧，那就是**把對方當成自己人，以「我們」為出發點考慮問題**，他自然而然就會被你的熱情感動。

有一家工廠效益不太好，工人的工資都很低，當工人要求加薪時，老闆娘走出來要與他們談。幾位工人代表要求與老闆面談，老闆娘說：「我們在趕工，就不耽誤時間了，反正總是要吃飯的，就在午餐時間談吧。」在工廠附近的餐廳裡，老闆娘點了幾道既實惠又可口的菜，還要了啤酒。

趁大家吃飯的時候，她說：「各位，你們希望公司倒閉嗎？」當然沒有人希望工廠倒閉，這樣他們也會跟著失業，連眼前的低工資也拿不到了。

老闆娘繼續說道：「如果工廠倒閉了，大家一分錢也拿不到。我也不希望工廠倒閉，我與你們有著共同的利益關係，工廠倒閉對每個人都沒有好處。如今我們只有團結一致，共同度過難關，工廠辦好了，大家才都有飯吃。」

工人們吃飽喝足之後，心氣都平順許多，現在又聽了老闆娘的話，感覺彼此有著共同的利益。結果，這些工人不再要求老闆加薪，而是齊心協力工作，最終把工廠搞得有聲有色，老闆娘和工人都實現自己的願望。

人緣這種東西要自己去創造，並不會從天上掉下來。如果太客氣、太生硬、太內向，就會失去許多和人接觸的機會。很多人就是由於欠缺這種能力，所以困難重重，事事不順；有些人天生就會做人，與之交往的人都如沐春風，把他當成能帶來快樂的好朋友，一路走來應該會相當順利，如果有特殊才華就能成就一番事業，即便是在平凡的生活中也會混得很好。

小艾是位年輕女演員，不但人長得漂亮、演技好，也很有表演天賦，剛在電視上嶄露頭角。為了進一步增加自己的知名度，她非常需要一家公關公司，為她刊登各種宣傳文章，但是她沒有錢，也沒有機會結交公關界的人士。

後來，經朋友介紹，她認識了王經理。王經理曾經在一家很有實力的公關公司工作過，不僅熟知業務，也有人脈。幾個月前，他自己開辦一家公關公司，希望能夠打入娛樂領域。但到目前為止，一些比較出名的演員、歌手、酒店的表演者，因為不熟悉他的公司，都不願與他合作。

小艾與王經理相識後，小艾認為機會來了，但在王經理那方面，總是因為小艾還是新人，而猶豫著是否要在她身上投資。於是，小艾找王經理長談，並詳盡的向王經理描繪合作的美好前景，提示王經理「不要讓我們的機會白白溜走」。

於是，小艾成為王經理新公司的形象代言人，而王經理則提供小艾曝光所需要的經費。這樣，小艾不僅不必為自己的知名度花錢，而且隨著名聲擴大，也使自己在活動中處於更有利的地位。而王經理也借助小艾的名氣變得出名了，很快就有一些名人主動找上門。兩人各取所需，達到合作的最高境界，彼此關係也因此更加牢固。

心理學家指出，在每個人的潛意識裡，或多或少都存在著自我意識，因此，每個人都不希望被他人支配。如果**對方意識到你在試圖說服他，他的自我意識就會變得非常強烈**，**本能的與你對抗**。在這種情況下，即使你說得天花亂墜，也很難打動他的心，也會認為你的所作所為只是為了個人的利益著想，甚至會對你的人品產生懷疑。

此時，如果你**不失時機的多說幾個「我們」、「我們的」**，**就會立刻使對方覺得你們的利益一致**，也會在不知不覺中，跟你站在同一條陣線上。於是，原本堅硬的防禦堡壘，也會在不知不覺中自動的消除。對於那些自我意識很強的人，尤其要使用這種方式。

2. 私人話題的適當尺度

如果以飯局來論人與人之間的親密程度，剛認識或者泛泛之交，可以多安排在檔次不差的飯店、咖啡廳之類的地方；關係能稱得上是哥兒們的，大家可以在小餐館一起吃特色菜，共同唱歌；再更深厚的，才可以互相到對方家裡坐坐。

在舊時，通家之好在關係中是個標誌，到了這一步，彼此就可以直接登堂入室，親如一家。在現代社會中，社交生活比較開放，人際交往本應更親密些，但事實上，社會的風潮已日趨「My Home 主義」，個人生活遠比待人處世更為優先。這是獨善其身的想法，並不利於成功交際。

雖然在飯店或酒店中，也可以看到一個人真實的一面，但這與居家生活又不同。居家生活的表現，可以說是最真實的本性。所以，在彼此產生親近感之後，或多或少都會想要進一步拜訪對方家庭。

雖然，飲酒作樂也能建立私人交情，但與家庭般的淳樸交往比起來，也只能說是逢場作戲，無法奠定穩固的基礎。所以，為了提高自己的工作能力和個人形象，邀請朋友上門，不失為一種好方法。

請朋友到自己家裡坐坐，目的不外乎就是把你們「萍水相逢」、「公事公辦」的交情變成互相不設防的私交，同時，你也可以透過一些私密話題，來拉近你們之間的關係。

每個人可能都會遇過這樣的人，他們因為自卑而變得冷傲，認為這樣就可以成功的保護自己。這種防備心不但給他們自己帶來極大的困擾，還在人生道路上無端的增添許多屏障。由於性格問題，他們無法找到稱心如意的工作，無法組織和諧幸福的家庭，有些人甚至還會自暴自棄、一蹶不振。

于博言是一家國營企業的工程師，與他的名字剛好相反，不管和地位高還是地位低的員工說話時，他都坐著不動，別人找他時也愛理不理，從來不把他人的話放在心上。大家看到他這種態度，也只好敬而遠之，迫不得已與他有工作關係時，也只是站在他旁邊說話。

當他心情不好時，常不發一語，視別人為空氣，始終不抬頭看人一眼，別人也只能尷尬的走開。他在公司如此，對待朋友也就可想而知了。每當他與朋友或同學聚會時，也同樣的板著一張臉、坐在一旁，實在令人難受。久而久之，朋友同學間的情分也就慢慢淡漠了，現在，連當年的大學同學都不和他聯繫了。

于博言自己也很苦惱，其實他也不是真的看不起人，只是天生內向、口才也不好，有時候和人面對面坐著，卻不知道該找什麼話題才好。

其實要改變這種狀態並不是很難，只要你能稍微投入一點、坦白一點，讓對方可以看到你感性的一面，就有機會使你們的關係更加融洽。對於那些別人認為不可談的話題，不要有太多顧忌：心靈、感情、政治都是讓我們的生活更有意義的話題，為什麼不能談呢？

美國前總統歐巴馬（Obama）和夫人蜜雪兒（Michelle）當時剛上任沒多久，他們的親民形象就贏得美國公民的好感。美國民眾一般會覺得政治人物給人距離感，這讓一些選民感到厭倦，認為這就是他們的政治宿命。

然而，歐巴馬的夫人蜜雪兒是位個性爽朗的女人，真摯而誠懇，從不矯揉造作。與夫人情趣相投的歐巴馬，給人感覺也是那麼真實而親近。當然，這與他受到夫人的感性影響有關。

蜜雪兒是第一個爆料丈夫不會整理床鋪的總統夫人，這些小細節使得歐巴馬更像普通人，增添許多人情味。

蜜雪兒基本上不談政策，而是打人性牌，大談歐巴馬的生活趣事。即使夫妻倆一起上電視做節目，也是談笑風生、彼此打趣，不時流露出性格率真、自然的一面。

歐巴馬是理性與感性合一的人，既有很強的感染力，又有很強的自制力，說的話也不文謅謅。最重要的是，他與夫人一樣說話時沒有故意掩飾自己，或故作神祕。記者問：「獲勝後，太太說了些什麼？」歐巴馬幽默的說：她說『那你明天早上還會不會送女兒上學啊？』」總統夫人大笑：「我沒說，我可沒這麼說啊！」夫婦倆眼神裡傳遞的都是真摯的感情，默契十足而有趣。

一般而言，在交談中我們往往擔心，暴露出自己的真實情感，並試圖隱瞞，以防對方產生不好的感覺。但現在為什麼會反其道而行呢？原來這種說話技巧的奧妙，在於它**克服人們認生的心理**。

初次見面，一位高明的談話者會滿不在乎的這樣閒聊：「我兒子上課老搞小動作，我對那孩子可真是操了不少的心呀！」或者「昨天我家先生不小心把菸頭掉在自己的外套上，結果燒了一個大洞。」聽者怎麼也想不到，對於還很陌生的人，會對自己說這麼多的家常話，來貼近彼此距離，感動之餘，也在不知不覺中安下心來融洽的閒聊。

說點私事能夠輕而易舉的建立與他人之間的親密感，培養出絕佳的親和力後，無論走到哪裡，我們很快就會有熟人，也會因此擁有更多的朋友。如果說架設人際網絡需要一個工具的話，那就非這些私密的東西莫屬了。別看它們並不起眼，其作用卻是有目共睹，懂得運用私人感情去拉近與他人之間距離的人，才是聰明的人。

3. 把交易變交情。請先交情、才交易

有一位著名學者曾經說：如果讓一百位最有權的人、一百位最有錢的人和一百位最有名的人，全都遠離他們現有的地位，遠離人際關係和金錢，以及目前聚集在他們身上的大眾媒體，那麼，這些人將變得一無所有，沒有權勢、沒有金錢、也沒有聲望。

究其根本，這樣做等於剝奪他們交易的全部資源，切斷他們進行交易的管道。其實在這個社會上，我們每個人都有自己的劣勢及優勢，權力並非屬於個人。財富隨時都在流通，聲望更是人捧人的結果。要想達到自己理想中的目標，就必須與人交換，互通有無。似乎所有的交易都與溫情、義氣離得太遠，事實真的如此嗎？不，人情練達的人可以把「交易」轉為「交情」。

《水滸傳》中，武松是個家喻戶曉的人物。在武松的故事裡，景陽崗打虎是他的招牌，

與哥哥武大郎兄弟情深、與嫂子潘金蓮恩怨糾葛是他的大戲。總而言之，武松是一個恩仇分明的好男兒、是非分明的大丈夫。這樣一個英雄，本不屑於任何私相授受的交易，但是就在不知不覺間，他也曾做過類似行為。

那一年，武松因為殺了嫂子潘金蓮和其姦夫西門慶，臉上被刺了金印後，被發配到孟州坐牢。按照規矩，新來的囚犯本應該打一百下「殺威棒」，然後吃粗飯、幹重活，老老實實的做人。但在這時候，有人看上武松的拳頭，他的待遇立刻就變了，由孟州牢城的囚犯變成座上賓。

提攜武松的人，名叫施恩。他本人也不過是個年輕的小混混，因為老爸是孟州牢城最高領導者，關照一個囚犯根本不在話下。施恩主要是在孟州城外的「快活林」做地頭蛇。他開了一間酒肉店，搞批發。

快活林內所有的飯館賭場，一律都要從施恩店裡進貨，他負責訂定價格。另外，所有在這裡做買賣的人，包括娼妓之類，都要按月繳保護費。這也使他人眼紅，於是就有新到此地駐軍的張團練，帶著一個外號「蔣門神」的好手來，打得施恩兩個月下不了床，接著蔣門神出面，接收施恩的酒店，銀子也是嘩嘩的進帳。

施恩當然嚥不下這口氣，正好要就寢時，得知江湖上威名赫赫的打虎英雄武松，成了他老爹管轄下的囚犯。武松是英雄，若有人逼他做事，他就會瞪大眼睛，高舉拳頭。但是英雄的軟肋，往往就是受不得別人的恩惠。即使滴水之恩，也要湧泉相報。

為了能夠有朝一日趕走蔣門神，施恩開始刻意與武松交往。這是交情，也是交易，或者說是以交易為目的的交情。因為兩人地位的差異，施恩無須下多大的本錢，他只是給武松調了一間單人舍房，用大盤的肥雞醇酒、饅頭牛肉侍候著武松，給武松設了一個「局」。

兩人有了初步的交情後，施恩更是拉他爸爸和武松這個階下囚，在一起同桌飲酒，親如家人。如此這般，幾杯酒下肚，武松和施恩就成了一對沒有隔閡的兄弟。兄弟仇人就是武松的仇人，所以他為兄弟出力可說是義不容辭。

在「醉打蔣門神」一節裡，武松醉得瀟灑，打得豪放，以平生絕學「玉環步、鴛鴦腿」打得蔣門神找不著南北。然後，武松當著快活林的眾人宣布：我打蔣門神，只是路見不平、拔刀相助，與旁人毫不相干。這件事當真做得有面子，讓人禁不住鼓掌喝采。

武松與施恩的交情其實十分簡單，也不過是官場上的人垂涎黑道的財富。於是張團練一方由蔣門神出馬，施恩一方由武松接招。傻大黑粗的蔣門神是張團練的打手，武松呢？英雄的處境是否也有些尷尬？

蔣門神依傍張團練生存，得人錢財，與人消災，雖不那麼合理卻也公道；施恩與武松之間也沒有什麼不同。施恩有權力可以決定武松的生存，而武松有技藝，可以藉此解決施恩無法解決的問題。在他們之間，交易是維繫雙方關係的一條主線。

但是千百年來，極少有人拿武松當打手看，施恩利用了武松，武松被施恩利用，他們的交換卻不曾流於卑鄙。只因為在一開始，施恩對武松並無隱瞞，武松對快活林的底細和對手的背景都了然於胸。更為重要的一點是，因為在酒桌上意氣相投，兩人的交情在先、交易在後，這不論是對當事人還是旁觀者，都可以輕鬆接受。

所以，**交情中混雜利益關係並不要緊，只要事情做得順理成章，就能夠獲得社會的認可**，無損於雙方的形象。

如果說聚會就是設好一個局，讓人往裡鑽的話，這似乎就有些絕對了。但不可否認的是，飯局是一切關係的最有效潤滑劑，在傳杯換盞中，雙方的熱度直線上升，無理的事情就變得有理，可做可不做的事情就變成非做不可。人性如此，無論在什麼樣的社會環境中，這個規則都通用。

4. 捧場話，可以成局、可以砸鍋

在現代聚會中，與其說我們吃的是飯，不如說吃的是「場子」，場子裡的氣氛熱烈，也對成功有一層保障，所以說，要把飯局做好，捧場的學問必不可少。

「工作做得不錯啊！」、「你挺好啊！」這種應付的捧場方式，不但不會贏得他人的喜愛，有時還會適得其反。當對方把你認定為虛偽者時，你就很難在他的印象中翻身了。所以，見機行事是當務之急，誰能把握好時機，誰就會占盡先機。

人生需要掌聲，不管是別人的還是自己的。因此，我們不妨就把讚許別人的表情掛在臉上，多給別人捧場。有些人沒有場合意識，不管什麼場合都習慣從主觀意識出發，以為心裡怎麼想，嘴上就該怎麼說，絲毫不考慮別人的感受，這樣往往會冒犯別人。你若想受人歡迎，就必須學會在什麼場合說什麼話，否則就會破壞交際效果。

舉個例子：在壽宴上，對著壽公、壽婆大談人壽保險的好處；對著孕婦說，這年頭養孩子沒什麼好處，翅膀長硬了就想飛；對新郎、新娘說今天喜宴的菜好吃極啦！下回一定會再捧場；別人就要出遠門旅行，卻對他大談今年發生多少飛機失事的意外……你應該不想成為這樣的冒失鬼吧？那就不要排斥「捧場」這個絕對有用的技巧。

邱明有很多朋友，甚至與朋友的家人都相處得很好，為什麼呢？這就得益於他善於捧場。有天，他和一個朋友約好吃飯，朋友也帶他的妻子來。因為他和朋友的妻子是第一次見面，沒有適當的話題，但是他眼睛一亮，發現朋友妻子佩戴的那款胸針非常獨特，於是他稱讚道：「這款胸針真是精緻獨特，好像市面上沒看到過這款式啊。」

朋友的妻子立即來了興致。原來這枚胸針真的很獨特，市面上確實沒有，是她自己設計、訂製的。邱明一聽，立即稱讚道：「難怪這麼特別，妳很厲害啊，設計出這麼漂亮的東西，改天也幫我設計一個吧！」於是，兩人的話匣子就這麼打開了，還成了很好的朋友。

在這個社會上，懂得捧場的人似乎比較吃香。當一個人聽到別人讚美的話時，難免會覺得高興、自豪，因此，多為別人捧場，也會使你變得更有魅力！懂得經常為他人捧場的人，收穫就是別人發自內心的感激，為他人捧場實際上也是為自己捧場。

要做一個處世高手、一個受人歡迎的人，就要求我們在說話時要注意場合，懂得在不同場合說不同的內容和講話方式。在喜慶的場合應講一些輕鬆、詼諧、幽默的話語；在悲痛的場合應講一些與場合氛圍和諧的話語，這是最起碼的要求。如果不注意這一點，就會引起別人的反感。

去別人家做客，要謝謝主人的邀請、盛讚菜餚的豐盛可口，並根據實際情況稱讚室內布置、小孩的乖巧聰明；赴宴時，要稱讚主人選擇的餐廳和菜色，當然也要感謝對方的邀請；參加酒會，要稱讚酒會的成功，以及你如何有賓至如歸的感受；參加會議，如有機會發言，要稱讚會議準備得周詳；參加婚禮，除了菜色外，一定要記得稱讚新郎、新娘郎才女貌。

參加各式各樣的場合，面對各樣的人物，一個處世高手須選擇最恰當的方式說話，使自己的談吐既符合場合，又考慮到談話對象的心理，使你參加的每一次交際，都發揮出應有的效果。

5. 給人情的分寸：給過不提

「請客送禮」聽起來很簡單，其實裡面大有學問。常會有人把這件事搞砸，是因為他們送禮後，在聚會中總是有意無意的提醒對方，唯恐人家忘記，這就有些小家子氣，也因此這種人在社交圈永遠也混不出名堂。

在日常交往中，人情總是要有的，但有一點交情就要拚命用完的人，確實太目光短淺。你送朋友一個人情，朋友便欠你一個人情，他是一定要回報的，因為這是人之常情。有人會覺得，這樣一往一來好像商品買賣，給你錢就必須給我商品。

其實不盡然。人情償還不是商品交易，錢物一清便兩訖了，那樣太沒人情味。你不欠他，他不欠你，下次你去找他，他憑什麼給你面子？所以說，償還人情還必須看時機，否則交情變成交易，你與朋友面子都掛不住。

有的人為朋友做了事，送了人情，等到大功告成，他便不知道自己姓什麼了。簡單說成複雜、小事說成大事，生怕人家忘了。

好比有一個人，他幫朋友解決借貸難題。以後，他每次遇到朋友，每次聊天就談到這個話題上，說上一、兩個小情節，以說明他的本事有多大。久而久之，他的朋友看到他就躲得遠遠的。這叫賠了夫人又折兵，人情送足，卻因善後問題而功虧一簣。沒有朋友會因為你不說，就會忘記你送的人情，多說反倒無益。人家可能儘快的還你一個人情，之後便敬而遠之，即使你再有能耐，朋友亦會另請高明。

所以，做足人情、給夠面子，你該坐享其成，不要誇大其詞，最好不誇功，甚至不認帳。不認帳，只是你不認，並不等於朋友不清楚。一旦時機成熟，這些人情自然就會給你帶來回報。看一下清末一代官商胡雪巖送人情的手法：

江蘇學政何桂清回京述職，順便要找機會放一任外官（按：指在京城以外的地方做官）。如果他能到浙江做巡撫，對以浙江為大本營的胡雪巖，其生意自然大有好處，這事他當然要極力促成。

胡雪巖是做錢莊生意的，他打算從自己店鋪裡撥出一筆款子來，供何桂清進京打點。借錢給人買官，對於接受這種交易（或是恩惠）的官場人物來說，第一是面子上會有些掛不住，第二又擔心事成後對方會獅子大開口，讓自己難以招架。

胡雪巖熟透人情世故，輕輕的就解開這個結了。兩人在何府花廳的酒桌上密談的時候，胡雪巖得知何桂清此次上京，要花一萬五千銀子，便說：「雲公，您老知道的，我做錢莊，我們這行生意，最怕『爛頭寸』（按：銀行沒辦法運用、消化的閒置資金），您老這趟進京，總要用我一點才好。」這一說，何桂清的表情就很複雜了，既驚喜又帶有些困惑：

「雪巖，你的意思是想放一筆款子給我？」

「是的。」胡雪巖很率直也很清楚的回答：「我想放一萬五千銀子的帳給雲公。利息特別克己（按：低廉），因為我的頭寸多，總比爛在那裡好。」

「期限呢？」

「雲公自己說。」

何桂清又答不上來了，他要好好盤算一下卻又無從算起。看他遲疑，胡雪巖便說：「我替雲公出個主意，在京城裡，我替雲公介紹一家票號，雲公的款子都存在他那裡，看情形辦，錢多多還，錢少少還，期限不定，你老看如何？」

事情談妥了，何桂清畢竟是在官場混了多年的人，不能不懷疑胡雪巖如此慷慨的用心。

「雪巖兄，」他很吃力的說：「你放款給我真的是為了解決『爛頭寸』的問題？」

問到這話，胡雪巖覺得不必再說假話，因而模稜兩可的答道：「就算頭寸不爛，雲公的大事，我亦不能不勉力效勞。」

「感激得很。只是我受你此惠，不知何以為報？」

這就意味著「問條件」了。條件自然有，但決不能說，說了就是草包。於是胡雪巖道：

「雲公說的是哪裡的話？我不曾讀過書，不過《史記》上的《貨殖列傳》、《遊俠列傳》也聽人講過。區區萬金，莫非有所企圖才肯出手？」

這下子，何桂清才算心悅誠服，心裡也舒坦多了，覺得胡雪巖既慷慨大度，又懂得分寸，很值得一交。

送人情不僅要懂得分寸，更要懂得藝術。送什麼，送多少，何時送，怎麼送，都大有學問。送得恰到好處是人情，送得不當是尷尬。如果讓受禮者覺得你這人冒冒失失，不當交也不當信，這禮就算送砸了。尤其是與位高權重的人結交，一定要突破他的心理障礙，**把自己的位置擺得稍微低一點**。赤裸裸的甩出銀子來，是收買；而加上一些頗具人情味的花樣，就會傾心的結交了。

有位做房地產公司的老闆，有事要與一位當地政要溝通，特地買了名家設計的鑽石首飾，送給這位政要的夫人。登門拜訪時，他先恭敬的捧出兩張音樂會的門票來，聊完曲目後，再把那裝胸針的小盒子悠閒的掏出來，說：「請夫人賞光，有用得著的場合請隨便戴著玩。」

若想交得深、交得透，就**不妨用些感情點綴，給人一個繼續往來的理由**。送禮歸送禮、吃飯歸吃飯，送禮是攻關，吃飯是潤滑，兩者不能混在一起。送人情後最忌以恩人自居，時時刻刻把這情分掛在嘴上，會惹人反感、沖淡情分，甚至費力不討好。「心到神知」，糊塗人其實是絕無僅有的。

6. 讓對方相見恨晚的關鍵五步

我們會發現，在飯局或者其他一些交際場合，有些人總是廣受歡迎，而另外一些人卻總是縮在一角，與世隔絕。究其原因，這就是交際者本身性格和水準問題。如果你想改善這種情形，就應當盡量把握「快樂別人、愉悅自己」這個原則，讓更多的人了解你、接納你。

我們應學會善待他人，盡量熱情大方，讓別人覺得你是個隨和可親的人，這樣就更能融洽的和他人相處；積極主動的與人交流，展現你幽默和藹的一面，這樣你就會如磁鐵一般擁有強大的吸引力。

范曾是中國當代的人物畫大師，他的書畫造詣聲名遠揚，口才也是聞名遐邇。他的演講雄辯而不失幽默，自信而略帶疏狂，令所有聽眾傾心。有記者就傲氣問題採訪范曾時，他說：「我認為這個傲氣不過是別人的觀感，對我自己來講，僅是從我所好、我行我素而已。別以為我傲氣呢，總有它的原因，比如我曾經說過，『我的白描功力可以說中國內無出其右者』，報紙上登出來了，說范曾太瘋狂了。其實，這是個事實嘛，這怎麼叫驕傲呢！我覺得一個實事求是的人，應該受到尊重，不應該受到批評。」

如果范曾在所有的場合都是這種態度，他的形象就要大打折扣了，好在他時而流露出真誠幽默的性情。

在國際數學大師陳省身執教五十週年的紀念會上，應邀出席的范曾，曾作過一次別致的發言：「你們知道今天參加大會的人，誰的數學最差？就是在下！數學是什麼，它無聲、無香、無味、無觸、無法，摸不著、看不見、說不清卻無處不在——纖維叢（按：fibre bundle，數學中位相幾何學裡的一個概念）是什麼？我問過胡國定教授，他說纖維叢很難說清是什麼，後來我又問楊樂，楊樂說，它到底是什麼說了你也不懂。」

大家忍俊不禁，而陳省身先生竟笑得連眼淚都流出來了。范曾是個大畫家，即使對數學是門外漢，也不影響他高超的畫藝。於是，他用自己對數學的一竅不通，比較陳省身的博大精深，用自嘲來表達對他的崇敬，在諸位數學家那裡贏得了好感。

在朋友之間，懂得如何說笑的人最受歡迎，但是一般人都需要心理上的調整，才能夠培養這個能力。照著以下的方法自我調適，就能讓人際關係向前更邁進一步：

1. 放下身分。不管是什麼身分，如果想要受人歡迎，就得要放下身分。想想看，誰會接近一個成天緊繃著臉、眼睛長在頭頂上的人。

2. 把話說得親切點。話說得太高雅了，就會拉出距離。「嗨！穿得這麼美幹什麼？要迷死人啊！」這句恭維話就比「嗨！妳今天穿得非常漂亮」要來得親切。

3. 偶爾裝點瘋、賣點傻。沒有人喜歡成天看一本正經的苦瓜臉。偶爾裝點瘋、賣點傻，就算嘴裡講著歪理，也不會有人怪你，反而會跟著輕鬆起來一起說笑。

4. 說話別像老師上課。就算再有道理，也別把話說得硬邦邦，讓人聽了不舒服。在朋友之間說理，點到為止，別成天婆婆媽媽的，讓人看了退避三舍。

5. 拿出熱情來，把誠懇寫在臉上。朋友之間遇到麻煩需要有人處理時，儘管舉起手來，大聲說：「讓我來！」平日時常打電話問候一下，別在有求於人時才登門拜訪。

另外，交往中多體貼對方，多點噓寒問暖，會使對方感受到如親人般的溫暖。注意對方的愛好、關注對方穿戴上的變化、記住對方有紀念意義的日子等，這樣做，對方會覺得你很在意他、關心他，引起對方的話題和談話興趣後，你也會因此受到對方的熱情禮遇。

人與人之間的關係，總會涉及利益等實際問題，但這並不代表所有的事情都可以靠得失來衡量。人是群居的動物，社交的意義就是滿足相互交流的心理需要。而人們對於自己看起來順眼、聊起來順心的人，總會抱持一種莫名的好感，一旦你遇到什麼問題，他們也大都會熱情相助。這個時候，那種好感也就變成你可以使用的力量。

第四章
找對人上你的餐桌

1. 混得不如你，更不該怠慢他

關係有遠近，朋友有厚薄。聚會的目的不只是吃吃喝喝、結交酒肉朋友，而是要將手中的關係分門別類，為不同的人做不同的局。

當你有天面對棘手的事情時，就能立刻找到對的人助你一臂之力。聚會是用來交朋友的，人一輩子都不斷的在結交新朋友，但是結交新朋友的同時，不能把老朋友拋在腦後，不管他目前對你的作用夠不夠大，失去友情都是人生的一種損失。

對每個人來說，最寶貴的財富就是身邊有幾個真心相待、不管遭遇什麼樣的情況都會一路支持你的朋友。這種朋友不必非常英明神武，最關鍵的一點是你們有著深厚的友情基礎，而且大家都珍視這種友情，彼此以誠相待。

女孩是中文系的美女，追求她的男生如過江之鯽。男孩和她一樣一同來自僻遠的山區，他的貧困和勤奮在校園裡同樣出名。男孩一入學便暗戀著女孩，但始終不敢表白，只是像個僕人似、心甘情願的聽她調遣。

入學沒多久，女孩便努力使自己的一舉一動，都更像個都市人，背地裡還笑男孩仍是那麼老土。大二那年的情人節，外語系的小林用一籃子鮮豔欲滴的玫瑰，打動了女孩的芳心，她欣然接受嘴巴甜甜的小林。

小林憑著家境富裕，瀟灑的請她去吃精美的大餐、昂貴的娛樂場所，去超市也能滿載而歸……讓她的虛榮心像肥皂泡沫般膨脹起來。對於男孩的善意提醒：「小林是個花花公子，他靠不住的。」她根本聽不進去，反倒在心裡笑他「吃不到葡萄說葡萄酸」。

當小林在校外租了房子，要女孩過去住時。男孩像著火似的急忙趕來勸阻她，可她開放的說這是趨勢，反而勸他別讀書讀傻了。

他只好無奈的用半瓶劣質白酒，將自己灌醉得一塌糊塗。她已經有好幾門功課都亮起紅燈，男孩想找女孩好好坐下來談，可她總是一副無所謂的樣子，讓他們的話題總是沉重無比。女孩已經為她的「看得開」進三次醫院，打掉瘋狂激情後的負擔。而這時候，小林竟然移情別戀，即使她用眼淚苦苦哀求，也沒換回小林迷失的花心。

情場和學業都輸慘的她，在畢業前夕服了大量的安眠藥。幸好被人及時發現，送進了醫院。而第一個來看望她的，卻是那個曾經被她笑為「老土」的傻小子。女孩不知道自己和男孩還能不能成為戀人，但是她知道，以後永遠都不會輕視這份友誼。

老朋友永遠可貴，他們可以傾聽你的煩惱、分享你的快樂、同情你的遭遇、處理你的麻煩。忠實朋友是人生中的一份珍寶，能夠建立一段真誠而長久的友情，將會帶給我們極大的益處。有人曾經說過：「當許多東西都離我遠去的時候，朋友就會前來。」

人一生坎坎坷坷的走來，總會遇到許多憑藉自己的力量不能克服的困境。這時最需要的就是借助外力來度過難關，抵達彼岸。這個時候，你成年後才結識的朋友，往往摻雜著許多利害關係，而且情分也還沒有累積到可以為你犧牲利益的程度。

從小結識到大的朋友卻不同，不論從感情上還是從道義上，都會促使他向你伸出援手。忠實的朋友，並不是上天賜給你的禮物，而是自己平日交下的人。先要有慧眼識人，再以真誠待人，在這兩個前提下，你才可能交到真正的朋友。

長久的友誼要靠兩人共同維持，而不是單方面。人人都為自己的生活奔波，各有各的工作和圈子，以至於許多「一起光著屁股長大」的老朋友都疏於聯繫。無形中，你就遺失一筆寶貴的財富。

約老朋友吃頓飯、找個地方聊天，其實花不了多少時間，無論如何，能透過共同回憶找到的友誼，總比現在交到的友誼來得自然而深厚。

趕緊給你的老朋友打個電話、聯繫一下吧！如果現在他正春風得意，你也沾一下他的喜氣與貴氣；如果他目前的處境很不如意，你的邀請對他來說就是一道陽光，他會長久感念你的情分。

2. 同學會就別逃了，參加唄

每個人都有同學，這段關係對很多人來說都非常珍貴，老同學一同與你分享過美好時光，自然就成為最值得信賴的人，即使有些同學許久不曾聯繫，但是，那種情感依然能穿越時空，輕易的抹去時空造成的隔閡，這比你在完全陌生的人群中，苦苦累積人脈恐怕要容易得多。

我們經歷過小學、國中、高中、大學甚至讀研究所、博士班、留學等，因此就有各個階段的人脈，這在社會關係中也有著越來越重要的作用。很多同學的工作都不同，有的在政府部門、有的經商、有的在企業等，我們自然也就有了一張龐大的網絡。

許多人雖然懷念校園的美好時光，但也會因為偶爾的聚會而苦惱，害怕同學間有意或無意的比較，會傷害自尊心。事實上，如果你有心，**同學聚會是個很好的累積人脈的平臺**，而且可能成為改變現狀的契機。

同學聚會往往是大家重新認識彼此的最佳時期。出了校園後，各自在哪些領域工作、取得哪些成就，有哪些人能成為改變現狀的「貴人」……積極主動的參加同學間的正式、非正式聚會吧，不要因為現在過得不怎麼風光就逃避。

原則上，只要你擁有進取心，在奮鬥中態度積極即可。即使對方在學生時期與你交往平淡亦無妨，你必須主動加深與其交往的程度。此外，不論本身所屬的行業領域如何，應與最方便聯絡的同學（國中、高中、大學等）建立關係。然後，從這裡擴大交往範圍，多運用同學身邊的人脈資源，來為自己的成功找到助力。

有一個地方的區委書記（按：中國市轄區的首要領導人）、外經委（按：中國對外貿易經濟委員會）主任、中國建設銀行行長三人是公認的「同學」。他們在飯桌上都這麼說，三人也都這樣互相介紹，大家便信以為真。很多年後，大家才知道原本他們並不相識，區委書記和外經委主任是差五屆的校友，而建行行長則是他們隔壁學校的學生，當年唯一的一點聯繫，也不過是翻牆到隔壁校那裡參加過露天舞會。

上學的時間和地點都不同，還被大家誤認為是老同學，這就是關係學的學問了。

校友與同學相似但不同，同學原來相識，有交往基礎；校友雖然在一個學校，但不在同個班或是年級，或者根本不在同一時期上學，大都不認識也不熟悉，這就比同學關係淺。

儘管淺還是可以套關係，原本不熟悉的校友變得熟悉，重要的是兩人的生活進入同一圈子，透過人際管道相互幫忙。校友身分，就是一個可以拓展的潛在資源。

對於校友而言，不可輕視提攜的作用。在中國法律界有個著名的「西政現象」，便恰如其分的說明這種人脈資源的好處。西南政法大學的畢業生遍布中國的司法界和學術界，現在的西政學生就經常在閒聊時，不經意的說：「最高法院中，一半的人都是從西政出來的。」正是因為同學之間的互相推薦和聯繫，使得多數人能夠走上成功的道路。

這些互相舉薦的同學，也不一定當年就曾經住過同間宿舍、在同間教室裡一起上課，是走出校園之後的各種同學間的聚會，把他們緊密聯繫在一起。

同學資源是最值得珍惜的人脈資源，如果你能夠維繫並且有效運用它，那麼每個同學都可能成為你生命中的貴人，助你走向成功之路。

3. 過年最怕遇到親戚東問西問？

隨著社會的發展、人口流動的增多，親戚這種人脈關係幾乎要淡出人們的視野，尤其是年輕人，他們注重的是與上司、同事、同學、朋友的來往，很不屑那些理不清的親戚關係。是的，親戚不像老闆，無關職位薪水，也不像朋友能夠彼此間興趣相投、志向一致，做什麼都沒有隔閡。

但是，親戚也有他的好處。比如你辭職、跳槽了，老闆同事也都要跟著換批新的；朋友間也可能因為口角、利益鬧翻，於是朋友就變成路人。而親戚呢？因為有血緣、親緣在，這種關係就異常穩定，他們可以來往稀疏，但不管怎麼說，這種親緣關係是永遠不變的。

所以，當你遇到困難時，找親戚相助是一條切實可行的方法。因為第一，你和他的關係很穩固，不至於今天幫你，明天就不見蹤影了，他也願意與你互通有無，累積人脈的種子；

第二，親戚關係很可能會聯繫起幾家人、幾代人的圈子。在這個圈子裡，彼此都熟悉，那些有本事的人很在意自己的外在形象，如果能幫忙的時候不幫，在一大圈親戚眼裡就是冷血無情；第三，即使你和一位親戚的關係很遠，但中間必然隔著你和他都熟悉的人，不看僧面看佛面，他總不至於誰的面子都不給。古往今來，很多大人物都是借助家族的力量攀升：

漢朝王莽出身於外戚之家，其姑母王政君是漢元帝的皇后，元帝死後成帝即位，尊其母王政君為皇太后，其舅父王鳳為執掌全國兵權的大司馬，從此王氏開始壟斷朝政。在元、成兩朝，王氏家族「世封侯，居位輔政，家凡九侯、五大司馬」。獨有王莽一支，因其父王曼早死，未能受封。

王莽為了出人頭地，他「外交英俊，內事諸父，曲有禮意」。尤其是眼前諸位手握大權的伯父、叔父，有著現成的血統關係，他當然會加以充分利用。其伯父大司馬王鳳生病時，王莽守候榻前，小心侍奉，煎湯嘗藥，一連數月不解衣帶，顧不上寢食梳洗，亂首垢面，熬得面容憔悴。

看到侄兒比親生兒子還要孝順，王鳳十分感動。王鳳臨死之時，太后王政君來探望，王鳳鄭重的要太后及皇帝盡力照顧他這位侄兒。王鳳死後，王太后念他的託付之意，就讓王莽做黃門郎，不久，又提升為校尉。王莽順利踢開原本入仕前的阻礙。

王莽雖然父兄早喪，但是家族的根基就是他的資源，王氏子弟的血脈，再加上他的誠心加孝心，何愁大事不成？

如果血緣關係近的親屬底子薄，難以依靠，這也不要緊，利用情緣，巧於攀親，同樣可以達成自己的目的。民國時期大軍閥曹錕的發跡史，十分耐人尋味。

當年袁世凱編練新建陸軍後，曹錕投入袁世凱的帳下。此時，袁世凱已成為慈禧太后十分倚重的人，曹錕只是個小官。他清楚知道，要想升遷非得靠袁世凱不行。曹錕慶幸在以前流浪的販布生涯，讓他學會一套善於吹捧、見風轉舵的本領，可光會拍馬屁還不行，他沒有見到袁世凱的機會。

正當他徘徊不定、十分苦惱之時，突然聽說天津宜興埠的曹克忠與袁世凱原是世交，於是備一份厚禮跑到天津，登門求見曹克忠。拜見曹克忠時，曹錕口若懸河，與曹克忠認宗攀親。曹克忠在曹錕的花言巧語下認他為族孫，並且答應由他的姨太太出面向袁世凱說情。有了姨太太這個內援，加上曹錕的阿諛奉承，他很快受到重用，幾年間就爬上總兵。

民間常有「沾親帶故」的說法，實際上，「沾親」就是攀附的意思，就是像曹錕這樣千方百計的踏破鐵鞋去找親戚。必須主動發現隱藏在關係中的可用之線，然後順著這條線找出一大串得道的親戚，而他們所起的作用，往往也會回報之前所付出的辛勞。

現代社會中，人們的生活節奏快，親戚間的互動也相對減少，不過若逢婚喪嫁娶、老人祝壽和重大節日等，親戚朋友還是有相聚的機會。如果想在親戚中發現可以利用的生產力，就該積極參加這些相聚的場合，加強聯繫，藉喝酒吃飯的機會，多關心一下老人家的身體，也可以多和同輩親戚聊聊工作、學業，掌握彼此的近況；另外，自己家有什麼大小事，也別忘了藉此小聚一下，要知道，親近不互動也會慢慢疏遠；遠親多溝通，也會培養出熱騰騰的感情。

與親戚相處，重要的是把握好其中的「度」，既不能把親戚之間的交往看成老土而疏於往來，也不能完全把親戚當成家人，不潤滑感情而直接求人辦事。好親戚是「走」出來的，如何「走」親戚，也是一門學問。

4. 成為「自己人」的關鍵

當今社會人口的流動率高，許多人離開家鄉到異地謀生。身在陌生的環境裡，拓展人脈資源有一定的難度，那就不妨從同鄉關係入手，打開局面。華人有著強烈的鄉土觀念，到外地上學或謀生之時，這種同鄉感情就更為強烈。

既然同鄉觀念在人們頭腦中根深蒂固，足以影響人的思想、感情和態度，那麼在日常交往中就不可忽視它，最起碼可以在有求於人時提供一條線索。

晚清時，落魄的世家子弟王有齡進京捐官，因正值漕運旺季，客棧滿房，只好暫住在已經預訂出去的客房裡，當時答應客棧老闆，訂房的人來就會馬上找其他地方。

只住了一、兩天，訂房的欽差跟班楊承福就到了，王有齡出去招呼一下，就要另覓住處。聽到對方有雲南鄉音，王有齡便開始攀交情，他含笑問道：「你家在哪裡，昆明？」

王有齡雖然久居江南，這句卻是老家的雲南話，咬字雖不太準，韻味卻足。楊承福頓時有他鄉遇故知的驚喜，「王老爺，你家也是雲南人？」

「我生在雲南，也攀得上是鄉親。」

「那好得很。」楊承福大聲說道：「王老爺，您老不要麻煩了，還是住在這裡好了。」

「這怎麼好意思。來，來，請進來坐！」

「是！」楊承福很誠懇的答道：「自己人說老實話，我還有點事要辦，順便再找間屋子住。事情辦完我再來，敘敘鄉情。很快，要不了一個時辰。」

「好、好！我等你。」

兩人連連拱手，互道回頭見。晚上，王有齡特別讓店裡做了汽鍋雞等幾樣雲南小菜，雖然器具不太對，但是楊承福卻很高興，兩人吃到深夜才各自歇息。

就是這次不起眼的偶遇，竟然給王有齡的事業帶來新轉機。楊承福是欽差的跟班，自然很熟京城裡的情形，此次到吏部打點，哪裡輕哪裡重，全靠楊承福指點，捐官事宜自然是一路順風，水到渠成。

人生的四大喜事之一就是「他鄉遇故知」，退一步說，客居異地的時候，就算碰不到舊日相知，聽到熟悉的鄉音，心裡也算是得到一種安慰了。如果能幫上同鄉忙，既加深感情，又引發自己的豪情壯志，也算是一件錦上添花的樂事。

有些人會困惑於自己的同鄉資源少，用來經營關係顯然有點不夠，其實如果你把心思放在「鄉情」二字上，就可以發掘出源源不斷的感情。

高悅本是學中文的，但進了公司以後一直做銷售，業績一向不錯。同事都說她天生有親和力，因此不用太長的時間，就能和新客戶成為老朋友。高悅有個小祕密，那就是她總是可以和客戶套上同鄉關係。

高悅的父親是江西人，母親是上海人，她本人也是在上海出生，這兩個地方出來的人，自然是她名正言順的同鄉。北京則是高悅上大學的地方，當年她又愛四處逛，拍了不少胡同的照片，自然也聊得頭頭是道。如今，高悅的工作有調整，被上海本部派駐武漢，那裡也就成了她的大本營，自己從此也以半個湖北人自居。

在交際場合中，**人們「套同鄉」，找的就是「認同感」**，如果你可以很**自然的談起他熟**

悉的風土人物，你們就有一種自己人的感覺。以後再談及什麼正事、實事，這就是良好的潤滑劑。

人們對於同鄉的情感都是真心的，因為包含了人文情感和地域情感。一個村子的人，到了鎮裡就成了同鄉；縣裡的人到了省裡，也成了同鄉；一個省的人到了首都，便成為了同鄉；而一個國家的人到了國外，就更是同鄉了。

同鄉的聯繫除了在地域外，更在於感情，如果你對一個地方的熟悉和喜愛溢於言表，就等於是尊重與肯定那個地方的人，這時，他就不會計較你說的是父母的家鄉，還是曾經生活過的地方了，他會把你當成實實在在的「老鄉」去相處。

同鄉資源的親切感是其他資源無法替代的，所以好好把握這份難得的資源吧！這必定會讓你獲益匪淺。

5. 非工作場合如何拿捏與主管距離

許多社會人士，在與嚴肅認真的上司打交道時，都希望能與他們的關係近一些，再近一些。這個願望無疑是好的，在上司面前拘謹畏縮的人，很難受到上司注意，有什麼好事自然也輪不到了。

但與上級長官拉近關係，並不是說和他們稱兄道弟、親密無間，上司畢竟是上司，每個當主管的人都非常看重自己的權威，對於部屬，他們在潛意識裡都希望保留一段陌生的距離，以便充分維護自己的威嚴感。

如果你的老闆非常器重你，經常帶你出席各種社交場合，**那麼千萬不要得寸進尺**，**保持適度的距離對你有好處**。任何一位上司都希望和部屬保持良好關係，希望部屬尊重、服從、喜歡。所以，當他願意和部屬建立朋友、同事關係時，也不會希望這種關係會取代上下級關係。也就是說，他還是必須保持一定的尊嚴和威信。

人與人之間，由於地位的不同或者立場的差異，往往都會有防備心。因為對方並沒有完全了解你，所以他們會小心謹慎，此時你**不能為了套關係，而涉及一些比較私人的內容**，最好也**不要涉及家庭、個人情感**等私人話題。說話要把握好尺度，掌握好分寸，考慮這個話該不該說。言多必失，言多必輕。過度涉及他人私事會讓對方覺得你很輕浮，不值得依賴。

每個公司缺少的都是能獨當一面，為公司帶來效益的優秀員工。那些沒有能力、沒有個性，只能扮演附和角色的人，如果要靠攀附累積升遷，無疑是找錯方向。

唐朝武則天有個男寵叫薛懷義，原名馮小寶，是街頭的賣藥小販，受到武則天異常寵幸，讓他扮作和尚隨便出入後宮。他小人得勢，驕縱不法，在朝廷大臣面前居然也趾高氣揚。

有一次，他從朝堂經過，依然是大搖大擺、昂首闊步，對迎面相遇的左丞相蘇良嗣視而不見。蘇良嗣大怒，命令左右隨從抓住薛懷義，揮起手臂，打薛懷義數十個耳光。

薛懷義連忙哭哭啼啼跑去找武則天訴苦，對待大臣一向嚴苛的武則天這次竟然沒有發怒，只是對薛懷義說：「你以後從北門出入就是了，南門是宰相上朝所經之地，你就別冒犯到他們了！」

男寵仗勢欺人，不免作威作福，大臣地位尊貴，自然不買帳，真讓武則天左右為難；偏袒情夫必然遭到大臣非議；支持大臣又會委屈情夫。但是她最終還是以朝廷大計為重。

武則天作為一國之尊尚且有各種顧忌，在我們的生活中，想讓上司因為某種私交而偏袒你，只是妄想而已。如果老闆發現他越來越難執行工作，最終發現是你破壞了他的威嚴時，那麼他定會疏遠你。處理好與老闆的距離是必要的處世學問，而在淡與濃之間，就看你如何去掌握了。

6. 如何讓重要的人記住你？

在古代，那些行走於江湖的人講究到每個地方，都要先「拜碼頭」，備好禮物，再加上一番謙恭禮讓的話，把當地黑白兩道說話有分量的人都打點到了後，不管是要賣藝還是做生意，都有人能夠庇護。江湖上是這樣，官場也是如此。

東晉被封為長沙郡公的陶侃，父親早死，他是靠母親拉拔長大。家境十分貧窮，為了生活，小小年紀便到縣裡當個小吏。

魏晉以來最重門閥，以門第出身，將人分為上、中、下三品，陶氏家族在當時只能算是下品。這種出身要想進入上層階級，可說是十分困難。但是，陶侃靠結交當時的名流，為自己爭得出頭之日。

有一次，地方上的名門大戶範逵（按：音同「葵」）路過他家時，陶侃居然窮到沒有可以招待的東西。他的母親知道機會難得，便當機立斷剪下自己的頭髮，換來酒菜款待客人，還將床上的草席剁碎給客人餵馬。

他們的誠意，使范逵及他的僕人都十分感動。范逵離去後，陶侃又追上去送行，直到百里之外。范逵明白他的心意，問：「足下願意到郡裡任職嗎？」陶侃說：「當然願意，可是沒有門路呀！」於是，范逵向盧江太守張夔推薦了他。此後，陶侃對張夔忠心耿耿。

又有一次，張夔的妻子生病，要到數百里之外請醫生，大家都感到為難。陶侃說：「長官夫人如同我們的母親一樣，父母親有病，我們怎麼能不盡心？」便主動攬下這件苦差使。這樣的人，能不得到上司的賞識嗎？於是，張夔將他推薦到京師洛陽任職，後來陶侃一路當上三公之一的太尉。

某個地區或者某個領域裡的名流，他們的存在本身就是一種力量，輕輕一句話，就可能為你，或是手中的產品打開一扇意外之門，這遠比自己跌跌撞撞的探路有效得多。

曾有一個笑話，說幾位商界大亨在一次聚會上，想評出誰是世界上最厲害的推銷員，沒想到大家竟然一致認為，國家領導人是世界上最厲害的推銷員。

的確，國家領導人一旦介入商業活動，威力可真是無堅不摧。美國前總統柯林頓有一次與沙烏地阿拉伯的沙特王子會晤，談笑之間就為波音公司（The Boeing Company）爭取到一份金額頗大的飛機訂購合同，歐洲的空中巴士公司（Airbus）只能眼睜睜看著煮熟的鴨子，從自己鍋裡飛到別人的餐桌上。

如果說國家領導人是世界上最厲害的推銷員，那麼能讓領導人為其推銷商品的，恐怕就是世界上最厲害的老闆了吧！即使你不經商，但是人在社會上打拚，依然要處理好和那些名流與貴人的關係，這樣無論做什麼，都會左右逢源、得心應手。

結交有分量的大人物，首先要走出狹小的視野。聚餐或商業酒會等是展現社交才能的好時機，在這種半正式的場合，若能恰到好處的將娛樂與工作聯繫起來，那麼人脈將又往外拓寬一層，也是另外一番境界了。那些成功的「社交動物」總是穿梭在會場中，和各色人等安排會面、邀約晚餐，把握機會認識可以改變自己一生的人。

想從社交聚會中滿載而歸，也是有跡可循，你可以從以下幾個方面做起：

1. 打入主辦人的圈子。

社交聚會往往需要兼顧許多細節，其中可能發生的混亂，正是你伸出援手的好機會，進而在這個過程中成為主辦人中的一員。一旦你成為聚會的局內人，便可以知道誰會參與，以及聚會中精彩的活動內容。

如何讓自己參與？其實這並不難。首先，查閱資料，登錄主辦方的網站，找出統籌會議的主要負責人，打電話聯繫他。他們通常工作繁重、飽受壓力，你可以在會議開始前幾週便打電話說：「我很期待你主辦的這次聚會，也想讓它變得更加精彩，希望能貢獻一些資源，不論是時間、創意或人脈都可以，不知道是否有能效勞的地方。」

2. 和聚會中的重要人物套交情。

如果你認識聚會中認得所有在場人士的人，可以跟著他穿梭全場，會見場內其他重要人物。**聚會的主辦人、主要客人都算是重要人物**。如果想找到這些關鍵人物，就應該在他們之前到場，站在主要出入口或簽到處附近，上前自我介紹或跟在後面找機會上前認識他們。

和對方套上交情後，就**讓自己變成「資訊核心」**，這是優秀人脈專家的關鍵角色，這該如何辦到？你必須找出周圍人想知道的資訊，有備而來。這些資訊可能包括**業界的八卦**、**當地最棒的餐廳**、**私人派對**等，讓大家知道這些關鍵資訊，或讓其他人知道如何取得這些資訊。當你成為資訊來源時，便成為值得他人認識的對象。

3. 創造讓人驚喜的偶遇。

這要求你在偶然撞見目標的**兩、三分鐘內**，邀請對方稍後再碰面。這種招數需要簡潔有力，讓人覺得又快又有意義。偶遇是你很快和對方認識，並搭起足夠的關係以便下次再聚，之後再繼續各自的活動的一種方式。你參加社交聚會，當然想在有限的時間內認識越多人越好。記住，你並不是要在此結交摯友，而是**要認識夠多的朋友，以方便後續追蹤**。

兩個人要建立關係，需要有某種程度的親切感。在偶遇的兩分鐘內，用心傾聽、詢問商業以外的問題，並透露一些個人資訊，讓彼此在互動中流露出些許感悟，這有助於營造你們之間誠摯的關係。最後，千萬別忘了後續追蹤，它太重要了，一定不能忘記，一定要追蹤再追蹤，不能斷了聯繫。

優秀的社交者一定都知道，很多聚會的主題並不重要，重要的是參加的人。打一場有準備的仗，將參加者都收進你的口袋名單之中。

7. 「閒人」也能派上用場

一般情況下，我們都喜歡與自己層次相同、愛好相近的人交往，其實這對發展人脈是個障礙。試想一下，如果你一直當個跑腿、打雜的小職員也就罷了，如果有朝一日獨當一面，就必須和各式各樣的人打交道。

了解他們的經歷、思想習慣、愛好，學習他們處理問題的模式，了解社會各個角落的現象和問題，這是你以後發展的本錢，沒有這些就會笨手笨腳、跌跌撞撞，遇到重重困難，大大降低成功機率！

古人云：「欲觀其人，先觀其友。」一般而言，好的朋友是財富，壞的朋友就是禍害。然而，我們除了要親益友、遠損友之外，充實、提升自己才是交友最重要的前提，為朋友、團隊、社會做出貢獻。為了達到此種境地，我們交朋友就不能心存偏見，三教九流的人物都要認真應酬。

《紅樓夢》裡，賈芸是賈家的旁支人物。幼年喪父，與寡母相依為命，舅舅卜世仁又帶走僅剩的一點家產。他長大後身材高挑、斯文清秀，若有銀子栽培也是翩翩公子。如今，既無祖上庇蔭，少不得要自己挽起衣袖來討生活。此時，榮國府裡是鳳姐當家，賈芸想求她管些事情，也算給自己找個工作。

賈芸的主意倒是不差，可惜沒錢給鳳姐送禮，還是辦不了事。到開香料鋪子的舅舅家借不到錢，心中無限煩惱。正低頭走著，不料一頭碰到一個醉漢身上，被他拉住罵道：「你眼睛瞎了嗎？碰起我來了。」賈芸一看正是鄰居倪二，他是個專放高利貸的無賴，會在賭博場中湊熱鬧，又愛喝酒打架。

於是，賈芸急忙說道：「老二住手，是我衝撞了你。」倪二見是熟人便罷了，兩人相談幾句，賈芸便告訴倪二，到舅舅卜世仁家借貸不著的事。倪二聽了大怒，一定要把包裡的銀子借給賈芸。賈芸心下思量：「倪二素日雖然無賴，卻是因人而施，頗有俠義之情。若今日不領他的情，怕他臊了，反而不美，不如用了他的，改日加倍還他也倒罷了。」因此笑道：「老二，你果然是個好漢，既蒙高義，怎敢不領，回家就照例寫了文約送過來。」誰知倪二竟連文約都不要就走了。後來，就是這十幾兩銀子，幫了賈芸的大忙。

人在江湖，三教九流的人物都不能忽略。像賈芸，既然已經落魄了，不如就索性扔掉「詩禮世族」的招牌，與身邊的市井人物混熟。像倪二這樣的無賴，頗似今日街坊的閒人，好起來，人敬我一尺我敬人一丈；惹惱了，拚得魚死網破也與你糾纏到底。

人們常說，寧願得罪君子，也不得罪小人，原因也在這裡。賈芸把自己的難事、醜事一股腦兒的抖給倪二，一則顯示親近，二則表示把他當成自己人看待。至於倪二的大力相助屬於意外，但他既已說了，再推託倒有可能旁生枝節。

許多人交朋友，只與合得來的人交往，這就有些偏頗了。社會上的利益關係非常濃厚，人際交往也不可避免的成為整個利益鏈中的一環。這個時候如果還一副書呆子樣、自以為清高，結果就是離群索居、被人孤立，處處吃虧了。

所以，以合得來作為唯一標準，實在是種偏誤，既要交合得來的朋友，也要交合不來的朋友。透過相互合作，我們可以辦成一個人通常難以辦成的事，不斷壯大自己的實力，從而實現遠大的目標。

有些人也明白，透過交往能給自己帶來何種利益，但他們就是做不到。與合不來的人交往，他們會有心理負擔，情感上受不了，又不能得體的掩飾，控制自己的不適應，結果使得自己很累、很壓抑，遠不如獨來獨往那般輕鬆自在，而跟他在一起的人同樣也會感到尷尬。這種最典型的一種心態就是，「跟你合不來，還要敷衍你，真是受不了。」這會導致你融不進別人的圈子裡，遇到困難時也不會有人幫忙站出來。

其實與那些「閒人」相交，並沒有你想像中的那麼困難。根據心理學的原理，熟悉可以引發喜歡的感情，和任何人喝上兩杯酒、聊過幾次天之後，你會發現他還是有可愛之處。

8. 你要結交的七種人

從一個人的聚會中，可以看出他的社交圈，有些人也不排斥靠飯局社交，但和他坐在同張桌子旁的，多是同行和同事等，而不是自己奮力開拓的人脈關係。這種圈子就有些狹窄，遇到圈外的事就不知道該從哪裡下手。

知識無法僅靠一天全學完，人脈同樣也不是一天就能搭建起來。每當你結識到一個新面孔，一定要努力將他變成人脈大樹中的一片葉子，逐漸累積才能在需要時，給你一個滿意的結果。每個人都會遇到些突發狀況，而當你拿起求救電話，對方是否能夠及時的「拉你一把」，就取決於平時的累積了。

因此，不斷的吸取養分、打理好自己的人脈大樹，絕對是目前的迫切任務，千萬別等到火燒眉毛時才望洋驚嘆，那於事無補且毫無意義。每個人的人脈關係都不一樣，但下面的幾種人，會直接關係到你人生和事業的品質：

1. 醫生。

你一定要結識幾個專家級別，而且有豐富臨床經驗的醫生，因為他們的意見和建議，可是關乎著你的生命健康。人在生病時的第一選擇，就是會聽醫生的話，吃藥、打針、住院等都離不開他的建議。若是小病倒也無關緊要，但是萬一有天不得不開刀做手術呢？此時，沒有一個值得信賴的醫生，真不敢想像拿生命去賭博的感覺是什麼滋味！

所以，醫生應該成為你的「一號人脈健身教練」，為了防患於未然，最好去認識幾位醫生朋友，這樣就不會讓人覺得你是在拿生命開玩笑了。

2. 律師。

每個人都會或多或少碰到有關財產、民事糾紛、房地產、合約、勞動關係、公司、稅務等一系列問題，即便現在你還沒有被這些事情困擾，也要懂得未雨綢繆，你身邊的確需要一位律師朋友。

還有一點需要注意，人無完人，幾乎沒有一位律師能夠勝任所有類型的案子，也沒有哪個律師可以精通所有法律，但這樣的人脈關係是絕對不可缺少。

3. 公務員。

幾乎每件事——填平路上的坑洞、運走垃圾、修建人行道、修剪樹木、減低稅賦、子女就學、監管空氣、水以及噪音品質、新買的車子被偷了、家裡遭到闖空門……你都需要當地公務人員幫忙。

你的身邊是否有幾位公務員朋友呢？如果沒有的話，從今天開始就要盡量找機會結識他們。很多時候，有些會令你焦頭爛額的事情，在他們的眼裡卻如同吃飯、睡覺般簡單。公務員並非遙不可及，只要你多花一些時間和心思，也許一頓飯之後，他們就成為人脈資源中的一分子。

4. 保險專家。

經常關注新聞動態的人，不難看到這樣的情況：愛車出現意外事故，維修數字令人心疼，拿著保險單希望得到理賠，可是跑來跑去，就是等不到個說法。碰到類似的情況諸如人身意外、工作意外傷害等，這時候，你是否開始後悔當初沒有聽保險經紀人的話，執意買了自己還沒有看明白的險種？

所以，結識一位優秀的保險專家，也是你生活中不可或缺的。不要再把賣保險的人拒於門外了。其實，他們在從你身上掙到錢的同時，也為你的生活送去更多的便利和安全。

5. 維修人員。

一位優秀又誠實的維修人員很重要。你的汽車壞了、家裡的下水道被堵住、你家的鎖打不開……事情緊急，你知道誰可以在最短的時間，以最快的速度和最低的費用幫你處理。技術差且不誠實的修理工將使你損失慘重。

6. 銀行工作人員。

難道你沒有發覺，銀行已在你的生命中越來越重要？你的投資理財都需要銀行幫忙。有了銀行這個人脈，當資金運作出現問題時，你就知道該打電話給誰。

7. 就業顧問、獵頭。

除非需要一份工作，大部分的人不會主動和就業服務處的人攀談。其實，這是沒必要的，重要的不是現在怎樣，而是未來會怎樣。即使你現在工作非常穩定，也不妨與他們建立良好的關係，在口渴之前先掘井永遠是正確的。

下次當就業顧問公司打電話來時，不管你多麼滿意目前的工作，都不要掛斷電話，可以這樣說：「我真的沒有興趣，但是你的電話令我受寵若驚。事實上，將來我可能會需要你的幫忙，找一份好工作或是尋找合適的人選。你可以留下你的聯絡電話，也許在這一、兩個月裡，我們可以吃頓飯，彼此認識。」

剛開始，或許你還不知道要從哪裡下手，沒關係，試著用你的心去接納身邊的每一個人吧，或許某天他們就會成為你電話另一端的對象了。當然，人與人之間畢竟有差異，所以接納每個人不是要你一視同仁，而是在人生中，總有些人是不可或缺的，他們也是你人脈大樹的營養成分。我們列舉的這幾種人，與我們的生活息息相關，能夠隨時為我們提供便利。有了這些人，關係網絡才算更合理、更完美。

第五章——邀請的藝術，他非來不可

1. 提出讓對方無法拒絕的邀請

請客不到，對主賓雙方都是一件尷尬的事。在你準備策劃聚會時，對於如何邀請主要客人應該心裡有數，是熟不拘禮、謙恭有度，或出奇制勝？各路人馬都有不同的應酬之道。辦宴容易請客難，請客吃飯可不容易。有時候，你籌劃好聚會的時間地點，甚至連吃什麼都想好了，但是賓客不來，到頭還是一場空。對於受到邀請的人當然也明白，自己並不是單純的受邀享受一頓美食，而是接受一場應酬。所以一般來說，他們會有以下顧慮：

1. 邀請者的身分、地位、與自己的關係如何？值不值得與他建立聯繫？
2. 邀請者是否懂分寸，會不會在對酒當歌之際，提出他的目的？
3. 這場邀請在時間上，是否和其他事有衝突？

以上幾點都沒問題，大部分的人都會考慮赴約，你籌辦的聚會也就有八〇%的成功率，就只差給受邀者一個非來不可的理由。

某文化公司在二〇〇九年的業績良好，出版了一系列既有影響力又賺錢的新書。公司闫（按：音同「言」）經理就想趕年底舉行一個餐會，邀請主管和一些暢銷書作家出席，聯絡感情之外順便了解一下業界狀況。

闫經理為了表示誠意，特別要公司業務員小田送張大紅請柬給各位受邀者。小田是個工作認真的年輕人，他親自把請柬送到每個人手裡，並把他們的回覆彙報給闫經理。大部分人都欣然受邀，反倒是在公司的主要作者吳名那裡遇到麻煩。

吳名接到請柬後，輕輕的用手指彈了彈，問小田道：「都請什麼人出席，請柬你都送到了嗎？」小田告訴他，某某和某某人等都表示一定出席。吳名低頭想了下，說：「我手裡有個稿子要趕，到時候再看情況吧！」

小田不得要領，只好如實告訴經理。闫經理明白，這是吳名的酸言酸語，有意藉著搪塞來顯示自己的身分。於是，闫經理請公司裡和吳名私交不錯的林小琳再補個電話邀請。

林小琳做事比小田活絡得多，她當場就打電話給吳名說：「吳老師，您怎麼能不來呢？

您不來，我們經理肯定會發火，讓我們這些小兵如何交代？還有，我有個同學是報社記者，早就想採訪您，就是沒有機會，這次他們費勁要進這場聚會，和您近距離接觸，您可別讓人太失望了啊！」一番話玲瓏清脆，吳名欣然答應赴約。

在現代社會裡，越是有點身分、有點能力的人，飯局就越多，有時候簡直推不掉。如何做到「請客必到」，這也是一種學問。有些可來可不來的客人，只要你的邀請功夫到位，一樣都是你的座上嘉賓。

一樣的話，說的是否得體有很大的差別。比如，你對一個女性有好感，想約她吃頓飯，對她說：「王小姐，認識這麼久了，一直沒有機會和妳深聊，我知道有家餐廳環境很好，我們下班後去那裡坐坐如何？」只要她不反感大都會成功。

反之，如果你開門見山，直接說出自己的目的：「李小姐，妳真漂亮！我想和妳交往，我們一塊去吃飯吧！」人家可能去嗎？邀請其他客人，道理也是一樣。那就是**你必須將話說得合情合理，讓對方無法推辭**。

請人吃飯，誠意應當放在第一位，只是心誠還不夠，更要讓對方感受到你的誠意。比如，有個客戶很難邀出來，你就必須不停的邀請。每次出差到當地，都第一個打電話給他：

×××，我又來出差了。上次您正好有事，今天方便嗎，大家一起聚聚？在遭到婉拒後，再著手安排別的事情。一年裡你出差幾十次，有多少人忍心拒絕十次善意的邀請？

請人吃飯，邀請時要給他搭好橋、鋪好路，讓他自然的放下架子。你可以這樣說：

「×先生，昨天朋友從國外旅行回來，送我一瓶洋酒和一些外國名產。我想請您來，品嘗看看……。」

「×先生，上次聽說您到我們這出差，因為時間趕，來不及上我們公司看看，這次我無論如何也要請您吃頓飯，補盡地主之誼……。」

「×先生，今天實在感謝您對我們公司產品的指教，晚上我來做東……。」

「×先生，聽說這裡新開了家不錯的海鮮店，我自己去吃公司當然不能報銷，您就犧牲一次，幫幫我吧……。」

大家都明白，沒有人是為了吃飯而吃飯，但是你把動機弄得簡單些、理由說得動聽些，遭到拒絕的機率就更小。至於局外之意，感情聯絡好了才有發揮的餘地。以後的時間還很長，交往還很多，完全不必要剛接觸就鄭重其事的說出自己的目的，當心嚇跑你的客人。

2. 請上司吃飯

在各種社會組織中，你也許是領導者、部屬，也可能既是領導者又是部屬。上下級關係融洽與否，直接影響著團體的凝聚力和向心力，決定著其社會形象和經濟效益；對個人而言，則影響著交際雙方的情緒、心境，以及雙方的生活和事業的成敗。

在宴會中處理好上下級關係，掌握領導與部屬之間的溝通藝術，既能為組織營造和諧的氛圍，又能使交際雙方心情舒暢、工作順利。那麼，作為一個部屬，應當如何邀請你的老闆吃飯？

有人曾精闢的總結出男人的兩大考驗：一是陪老婆逛街，二是請老闆吃飯。為什麼？因為這考驗著一個人的表現，而且極有可能吃力不討好、徒勞無功。

陪老婆逛街倒也罷了，老婆畢竟是你的老婆，表現不到位始終還是會體諒你；請老闆吃飯問題就複雜些，老闆的部屬多，你和他的關係不是一對一那麼明朗，單是你請他，他能不能到場就是個問題。

某職員由於資歷淺，總想和老闆拉關係，但他幾乎找不到和老闆單獨接觸的機會，為此非常苦惱。不久，他寫了一張精美的請柬，透過快遞公司送給老闆，並到飯店預訂房間。沒想到，那天下午他正準備到飯店等老闆，公司的行政人員突然來到他面前，手裡拿著小禮物，說代表老闆和公司祝他生日快樂，還揶揄他直接走上層路線，瞧不起哥們兒。他一陣臉紅，怯生生的問：「老闆呢？」，同事說老闆陪客戶打高爾夫球去了。這位職員聽完後羞愧萬分。

在物質短缺的時代，吃人嘴軟這招特別管用。但是別忘記對老闆來說，他們早就過了溫飽的階段，除非是業務上的往來，否則根本不會為了吃飯而吃飯。作為部屬，特別是階級相差較大的部屬，貿然請上司吃飯簡直是徒勞無功：他早知道你的用意，怎麼會吃你那套呢？

當你還是新人時，邀請老闆吃飯會使他不舒服。因為他跟你去吃飯，為了公平，就必須接受每位新人的邀請。而且他也可能覺得有回請的必要，這會耗費他的精力。

當然，老闆還是可以請，只是請老闆吃飯要選擇時機，例如**很重要的工作告一段落（最**

好是任務圓滿完成之時）、剛升職、想給老闆重要的建議時，這種邀請就顯得不那麼沒分寸。另外，老闆和部屬是透過工作關係聯繫在一起，每個當老闆的人，無不關心公司的成長，以及他個人的工作業績。請老闆吃飯，應當把重點放在**有益於工作的事物上**，這樣，不但能引起老闆的興趣，還可能獲得額外的賞識。

高銘宇在一家軟體公司服務，老闆十分喜歡他。他很專業，在為人處世上也有自己的一套。即使請上司吃飯這樣的小事，他處理起來也讓人心情愉快，樂於接受。他常常會這樣說：「經理，這份資料不錯吧？昨天我在網站上，還看到一份更有公信力的！只是昨晚太晚了，沒來得及及時下載……這樣吧，我現在就回家下載，晚上我們一起吃飯，然後我再把資料交給您？」或是：「經理，我十分認同您的觀點，真的是佩服得五體投地！可惜時間也不早了，這樣吧，我們找個地方一起吃飯，然後您能否就這個觀點繼續和我深聊？公司附近有家西餐廳，環境棒極了，非常適合聊天。走吧！我們現在就過去？」這樣的邀請，既誠懇又大方，老闆大都會欣然接受。

如果你的老闆很忙，請他喝個下午茶也是不錯的選擇。雖沒有正式餐會的那份奢華與氣派，但正如飯後甜點吃起來舒心。有些公司尤其是外商公司，常會設一個專喝下午茶的休息室，這個時候大家喝喝咖啡、吃吃點心，其樂融融。

平日裡，老闆可不是隨便就能靠近，那麼就必須好好利用下午茶的時間，這個時候接觸老闆，既輕鬆也不會惹來嫉妒。

一些細心的人，會注意到老闆喝茶的喜好，包括其他同事的喜好。他會一一記下大家喝咖啡時的特殊偏好，並在適當的時候遞過去，糖奶量也拿捏得恰到好處，此時大家的開心之情通常溢於言表。另外，他們也會趁下午茶的時間，有意無意的和老闆聊天，這時候的談話效率最高，因為這個時候的情報最準確，他們能及時掌握到老闆的喜好，也能更了解老闆的背景。

當老闆的人通常不會被金錢、食物收買，但是卻常會被你的專業態度和體貼軟化，對於部屬，這也是一種表現自己的機會。

3. 宴請客戶，先論朋友再談公事

在公務宴請中，客戶十分重要。宴請客戶成功，就是生意成功的開始。你與客戶之間，雖然客觀存在著買賣、供需關係，宴請卻可以當成私事對待，只論朋友之誼而不談其他。事實上，你們的關係是怎麼一回事，大家心知肚明，彼此不點破就是，很多話還是要本著「朋友」的立場來溝通。人們總是對陌生人保持一定的警戒心，若拉近你們之間的距離，他就不好意思直接拒你於千里之外。在良好的氣氛中，打消人們固有的隔閡與顧慮，剩下的事就水到渠成了。

其實，每個人都可以利用類似的方法認識別人、建立友誼，只要你有意與別人交往，善於打開別人的心扉，一定會收到意想不到的效果。

思思在一家不太出名的服裝公司工作了五年左右，在這期間，她憑著自身努力和不斷累積的人脈資源，為公司創造豐厚的業績，從而順利登上副總的寶座。

有一次，服裝行業準備召開一場專業座談會，與會者主要是行業內的龍頭公司的總經理及副總經理，共同研討有關於服裝市場及其發展的課題。思思透過朋友的關係，也有幸獲得一張珍貴的入場券。

拿到與會者名單和排程表的時候，思思感到有些為難。因為這次會議的安排時間過於緊湊，以至於與同業溝通的時間，僅剩中午聚餐那可憐的一小時。要知道，參加會議的人可都是行業內的頂級人物，平日裡若是想要與他們相識都極其不容易，如何把握住這短暫的時間，將自己成功的讓他們印象深刻呢？

會議進行到中午，各大公司的老闆一同走進自助餐廳。兩、三個熟識的人圍坐一桌，閒聊著無關痛癢的話題。思思趁著王總經理挑選食物的空檔，慢慢的走了過來。

「王總，您今天看起來滿面春風，我猜想，您女兒一定是接到想進入的大學的錄取通知書了吧！」

王總有些驚詫的看了思思一眼，隨即微微一笑，「是的，昨天剛送到家裡。奇怪，妳是怎麼知道這件事的？我還來不及告訴其他人這個消息呢。」站在一旁的李總經理眉開眼笑的說：「王哥，這就是您的不對了，這麼大的喜事怎麼不第一時間通知我啊？這次，恐怕王總要破費請我們大吃一頓了。哈哈，恭喜、恭喜！」

王總經理拍了拍李總經理的肩膀：「放心，這頓飯你不說我也是一定要請的。」然後轉過頭來問思思：「妳叫什麼名字？吃飯的時候妳也一起來吧。」

思思趁機說：「王總，您是行業的龍頭，我們一個小小的公司，也從您那裡學到不少東西，相識不如偶遇，不如這次給我個機會請客，一是祝賀您，二也表達一下我們的心意。」對於這個提議，王總爽快的答應。

到底是什麼原因讓王總特別關注思思？其實祕訣很簡單，在參加會議之前，思思就已經透過朋友，拿到她想要了解的幾位與會者的資料，細心的整理和閱覽後，發現王總的女兒今年正好參加考試，這是個容易與他攀談的話題。

宴請不但是要吃飯，還要吃「交情」。請客戶，一定要注意**盡量淡化你們之間的供需關係，把重點放在朋友或者食物身上**，這種效果肯定比你那沒有鋪陳的邀請要好得多。

4. 同事聚會的理由要刻意製造

沉悶的辦公室裡充滿各種繁雜的公務。有一天，發現曾經讓我們熱愛和感興趣的工作，在不知不覺中讓我們失去了熱情，當面臨越來越大的壓力時，我們的情緒會變得焦慮和抑鬱，心情也變得更加煩躁，經常想到一些不愉快的事情，使那些簡單工作也變得複雜起來。

在這個時候，我們內心深處便會湧起一種與人溝通、交流的渴望，讓友情幫助自己放下壓力。事實上，是否能夠與周圍同事相處融洽，不但關係到你是否能擁有一個輕鬆愉快的工作環境，也關係到你能否充分發揮自己的專業水準，做出出色的成績。

現代職場以溝通為先，作為溝通的主要手段之一——飯局聚會，酒、飯、菜其實也都屬於附屬品。請客吃飯已經失去原意，變成一種面子、一種投資、一種交易、一種手段，所以有人戲言「革命離不開請客吃飯」。

首先，想和周圍的人打成一片，像多年好友一樣和諧相處，就要學會愉快的接受別人的好意。那種過度清高的作風，無疑是在你和別人之間築起一座牆。比如在辦公室裡，同事帶點水果、瓜子、巧克力之類的零食到辦公室，休息時分給大家吃，你就不要推託、覺得難為情而一概拒絕。

有時，同事中有人獲獎或升職，大家高興的要他買點東西請客，這也很正常，對此，你可要積極參與，不要冷冷的坐在旁邊不吭一聲，更不要人家給你，你卻一口回絕，表現出一副不屑為伍或不稀罕的樣子。

接納別人的好意，等於你接納他這個人。人與人之間的良好關係，就是在這種相互給予與接受中建立起來。積極參與同事間的非工作交往之外，你更應該主動創造機會，促進與同事間的關係。

姜峰大學畢業後，透過公務員考試，進入家鄉所在城市的公家機關工作。稚氣未脫的他和辦公室裡的老鳥總有些不合，連科長都說姜峰有些木訥。其實，在姜峰心裡也想拉近和同事的關係，只是一直不知該從何處下手。

有天，姜峰的大學同學出差之餘順便來看他，姜峰很高興，趁週末沒事帶她去逛著名的鮮花街。兩人並肩行走，正好碰到姜峰的同事，那位大姊說：「小姜交女朋友了？」姜峰臉紅但是沒有否認。

星期一，公司的人都知道這個消息，起鬨著要姜峰請客，姜峰爽快的答應。下班大家一起去吃川菜，此後姜峰也得到大家的好感，漸漸融入這個群體。後來，姜峰和那位女同學通話，還一再感謝她給自己創造了機會。

宴請同事，不外乎就是大家聚在一起找樂子，也趁機加深了解、融洽感情，**所以任何一個值得慶賀的名目，都是請客的好理由**。如果你平白無故請同事吃飯，大家覺得無功不受祿，這飯就吃得不太開心了。這時，不妨為請客找個容易被認可的理由，比如加薪、升職、考試通過，至於交女朋友、中大獎，更是非請不可。**即使沒有理由**，在覺得有請客的必要時，**也要學著像姜峰一樣製造理由**。

請同事吃飯，當然為的是開心、舒暢，乃至無話不談。一般來講，跟他們吃飯不需要太講究，一般選擇中檔次的餐廳即可，但口味務必要道地、環境要夠衛生。菜餚的數量按實際就座的人數安排，一般來說，**冷菜和熱菜加起來，是人數的兩倍就已經很豐盛了**。

如果只是三、五個要好的同事小聚，一次點一道招牌菜、一道分量較多能果腹的菜、一道燙青菜、一道下酒菜，再點一道適合下飯的菜，就能吃得心滿意足又不浪費。這樣，被請的同事也會吃得安心又舒服。

如果雙方關係夠親密，不妨邀請他到家中，體驗一次西方人的家宴，經濟實惠，環境肯定比餐廳要自由、放鬆得多。對於雙方來說，家宴更能讓彼此加深了解、加深友誼。宴請同事不要用金錢來衡量，更重要的是適合和尊重，需要真誠對待換取愉悅的心情。

5. 和異性約會時該有的男人品格

人際宴請，突出的是關係，即使是初識的客戶，說話也要繞點圈子，論出友誼後再拉近彼此距離，凡事以「我們」為出發點，因為熟人才好辦事。如果工作交往的人是異性，這個原則就不適用了，在交際中宴請異性，尤其是男性要宴請女性時，應當落落大方、彬彬有禮，讓她們覺得受到尊敬和重視。不過，絕對不能曖昧，也要杜絕過於粗陋、隨便的言行舉止。

江波一直都很嚮往法國，希望有天能夠去法國留學。有天，朋友介紹法國的格林夫婦給他，那位朋友希望格林夫婦可以幫忙給些建議，對江波的留學計畫有所幫助。但之後江波想約格林夫婦在餐廳見面，卻不成功，尤其是格林夫人對他的印象糟透了。

原來，當時在餐廳一見面，江波就只忙著跟格林先生握手，並拿出準備好的禮物送給格林先生，而忽略了格林夫人；吃飯時只顧著給格林先生夾菜、和他聊天，完全沒有照顧到夫人；最糟糕的是出門時，居然和格林先生並肩走到門口，送格林先生出去後才是夫人，弄得格林先生十分尷尬。格林夫人直接告訴江波的朋友，說江波是個非常不懂禮貌的年輕人，最好先學好禮儀再出國留學。

在西方，尊重婦女足以體現男性是否有紳士風度，不注意禮貌很難受到歡迎。男性朋友應該這樣想：客觀來說，男性身體較強壯、力氣較大、動作較敏捷，因此多體貼、幫助他人以減輕他人的負擔，是應有的風度。在日常生活中經常聽到「女士優先」，具體說來有以下建議：

1. 在進、出門時，可以主動為她開、關門。
2. 在女士面前不隨便吸菸，實在想吸菸應去吸菸室，或者先徵詢女方的同意。
3. 在入門處更換外衣、外套時，可以主動幫忙將外衣、外套掛在衣帽架上。
4. 女士就座時可以幫忙移動椅子，方便女士入座。

5. 當女士手提沉重物品在室外行走時，可以主動上前提供幫助。

6. 在大型宴會或公共場合發言或致辭時，按照國際慣例，開場白應為「女士們、先生們，大家好……」。

在日常生活中，女性需要幫忙，男士也應該主動幫忙，不過服務宜適中，最忌熱心過頭。比方說，你可以代替女士拿行李，卻不必替她拿手提袋、遮陽傘和花花綠綠的東西；陪女生遛狗，可以幫她拉狗鍊，但是對於她抱在懷中的小型寵物，就大可不必代勞了。

禮貌不周固然令人不快，但過於禮貌也會讓人難堪。紳士風度是溫文爾雅，而不是熱情如火，男士千萬要在社交中把握好這個尺度。

和女性吃飯，她們點菜時往往選擇較多，會花比較多時間細心挑選，有時反覆諮詢，希望挑到適合的餐點，這時就需要男士體貼照顧，協助她們挑選。她們往往不喜歡別人說自己不了解食物、不會挑選。因此，當女顧客點好一道菜，旁人、服務生如果附帶一句「妳選的這種食物真好」或「妳真有眼力」之類誇獎的話，女顧客一般會覺得很開心，這是由於女性有較強的自我意識，以及對於美食有強烈的自尊心所致。

在口味上，男性一般喜歡富含脂肪、蛋白質及碳水化合物的食物；女性則一般喜歡清淡不油膩的菜，素食蔬果尤佳；在需求上，男性顧客重量，講求果腹與分量多寡，女性顧客重質，對環境較為敏感，重視服務細節。

結帳是宴請的最後一個環節，也最為重要。男士結帳是請客吃飯的習慣，也是餐飲的基本規則。一般一對男女朋友，除了應該由男士結帳，連召喚服務生都要由男士來做。即使這次是由女士請客，或大家平分錢，女士也只需將錢交給男士，由男士請服務人員結帳。

6. 管理學課本不會教：你要請部屬吃飯

人在職場上有如大網上的一個點，前後左右都是關係。在這張網上，有人很注意與上司的溝通、與同事的交流，卻往往忽略實際工作的部屬，這就等於網子破了個洞。

每個領導者或者立志成為領導者的人，要細心維護和關懷自己的部屬，也只有如此，才能使他們團結、共同達成目標。

日本企業家和田良平努力創造積極、愉快、向上的內部環境，認為愛顧客首先要愛員工。一九五〇年代末期，八佰伴（按：Yaohan，已經結業的日本大型連鎖零售商）擬定貸款六百萬元為員工蓋宿舍，銀行以員工建房不能創效益為由，一口回絕掉貸款申請，但和田夫婦以愛護員工，員工才能努力為八佰伴創利為理由說服銀行，終於建起當時日本第一流的員工宿舍。

那些遠離父母過集體生活的單身員工，喜歡聚在一起吃飯，和田加津總像慈母一樣，每週親自制定食譜，為員工做出可口的飯菜。她也像關心自己的孩子一樣關心他們，先後為九十七名員工做媒，其中有一大半夫妻檔都是八佰伴的員工。

五月分過母親節時，和田加津想到生活在員工宿舍的年輕人，夜裡鑽進被窩時一定十分懷念家人。於是，她特地為單身員工的母親，準備了鴛鴦筷和裝筷匣。當員工家長在母親節收到孩子寄來的禮物後，不僅回信給他們的孩子，也寄感謝信給公司。一些員工邊哭邊說：「母親高興極了！我知道了，只有讓父母高興，做子女的才最高興。」

和田夫婦清楚，孝敬父母是與他人和睦相處的基礎，把對父母的誠心變成服從上司的領導。正因為能孝敬父母，所以能尊敬上司。

上司要建立起威嚴，才能讓部屬謹慎做事。但是，平時還應以溫和、商討的方式，使部屬自動自發的做事。當部屬犯錯時，則要立刻給予嚴厲的糾正，並進一步引導他走向正確的路，絕不可以敷衍了事。許多權高位重的大人物，都深知馭人之術，即使只是普通的一頓飯，在他們手中也能翻出新花樣，變成對部屬的一堂激勵課。

晚清時期，李鴻章初到曾國藩的府上時，曾經被曾國藩拒絕。其實，曾國藩並非不願意接納李鴻章，而是看李鴻章心高氣傲，想挫一挫他的銳氣，磨圓他的稜角。所以，當李鴻章二次重來時，曾國藩就把他收歸麾下。

曾國藩很講究修身養性，規定「日課」，其中包括吃飯有定時間，即使在戰爭時期也不例外。而且，按曾國藩的規定，每頓飯都必須等到全員到齊才能開動，差一個人也不能動筷子。曾國藩、李鴻章，一個是湖南人，一個是安徽人，生活習慣頗有不同。曾國藩每日天剛亮就要吃早餐，李鴻章則不然，他因為不習慣拘束的文人習氣，又出身於富豪之家，很不適應這樣嚴格的生活習慣，每天的早餐成了他沉重的負擔。

一天，他假裝頭疼，沒有起床。曾國藩派兵去請他吃早飯，他還是不肯起來。之後，曾國藩又接二連三的派人去催他。李鴻章沒有料到這點小事竟讓曾國藩動了肝火，便慌忙披上衣服，匆匆趕到大營。

他一入座，曾國藩就下令開飯，吃飯時大家一言不發。飯後，曾國藩把筷子一扔，板起面孔對李鴻章一字一頓（按：為強調說話語氣，說話時慢而有節奏）的說：「少荃，你既然到了我的幕下，我告訴你一句話：我這裡崇尚的就是一個『誠』字。」說完便拂袖而去。

李鴻章何曾被當眾訓斥過？心中一直打顫。從此，他在曾國藩面前更加小心謹慎。這就是所謂的「威」字，要能震懾得住身邊的人。有了鞭子還要有糖果，否則人就留不住了。

李鴻章素有文才，曾國藩就讓他掌管文書事務，後來又讓他幫忙批閱部屬公文，撰擬奏摺、書牘。李鴻章將這些事情處理得井井有條，甚為得體，深得曾國藩賞識。幾個月之後，曾國藩又換了一副面孔，當眾誇獎他：

「少荃天資聰明，文才出眾，辦理公牘事務最適合，所有文稿都超越了別人，將來一定大有作為。『青出於藍而勝於藍』，也許會超過我，好自為之吧。」

這一貶一褒，自然有曾國藩的意圖。而作為學生的李鴻章，對這位比他大十二歲的老師也是佩服得五體投地，他曾對人說：「過去，我跟過幾位大帥，糊裡糊塗，不得要領，現在跟著曾帥，如同有了指南針。」

曾國藩駕馭屬下，既有苦口婆心的諄諄教導，也有公事公辦的嚴正手段，終於贏得眾人歸心。收服人心就是要給不同的位置、選擇不同的人才，然後合理分配，共同成就其大業。其中還包括識察人的品格和性情，提攜、培養後進等，以逐步形成自己的影響力。

精明的領導者，必不放過每個鞏固自己權位的機會，一個小小的飯局，是關懷也是激勵，在這上面花點心思絕不為過。

7. 宴請中間人，要大大捧起他的身分

在政壇或是任何圈子裡，歷來都存在許多張關係網絡，有些以親屬關係編織，有些以上下關係編織，或以行業、鄉里等關係編織，密密麻麻、無所不在，處於核心的便是掌握最高權力的人。不熟悉關係益處的人認為，這是前往政壇的一道屏障；而對於熟悉、善於利用它的人來說，卻能通向顯貴。在很多時候，你即使燒香也見不了真正的神明，如果這時對引見者接待不周，他們有本事讓你一直在大人物的周邊徘徊，卻永遠接觸不到他。

所以，一些人情練達的辦事者，都是先從一些鋪路搭橋的人身上做起文章，把他們應酬好了，沒辦法的事也能找出辦法來。

唐朝時，楊貴妃雖然集三千寵愛於一身，但她不招攬權勢，也不見她接受別人的諂媚。

可是一人得道，雞犬升天，她的幾個兄弟姊妹因她而成為皇帝御前的朝廷新貴，也就成為其他大臣巴結的對象，其中，楊國忠撈到最多的便宜。

楊國忠本名叫楊釗（按：音同「招」），「國忠」是後來唐玄宗賜給他的。其實，他和楊貴妃的關係不算太近，只能算是未出五服（按：親戚關係還未超過五代，還得服喪）的兄妹。他原先是個無賴、賭徒，鄉里的人大都看不起他，他窮得連飯都吃不上，靠著四川富豪鮮于仲通的接濟才勉強活下去。沒料到楊貴妃一受寵，他也跟著時來運轉。

有一次，劍南節度使章仇兼瓊對鮮于仲通說：「皇上對我很厚愛，可是如果朝廷裡沒有內援，必定會遭到宰相李林甫的攻擊。聽說楊貴妃近日受到皇上寵幸，還沒有人去依附她。你要是能替我到長安一趟，和她家人拉上關係，我就沒有什麼危險了。」鮮于仲通說：「我是蜀地人，從來沒有去過京師，就怕壞了大人的事，我這裡倒是有一個合適的人選。」

於是，鮮于仲通就把楊國忠介紹給章仇兼瓊，順便提及他與楊貴妃間的關係。章仇兼瓊立即接見楊國忠，一看他長得有模有樣，說話也應答如流，十分高興，立即將他留下來作為手下的一名屬官，對他格外親切。不久，章仇兼瓊便派他將絲緞貢獻給京師，臨行前對他說：「我在郫縣準備了一點菲薄的禮物，當作你的盤纏，你從那裡路過時就取走。」

當楊國忠到達郫縣時，章仇兼瓊的親信早已在那裡等候，送給他的是蜀地精美的特產，價值達萬緡之巨。楊國忠大喜過望，帶著這批物品趕到長安，將其分贈給楊氏兄弟姐妹，並說：「這是章仇兼瓊先生送給大家的！」

於是，楊氏兄妹一有機會，便在玄宗面前誇讚章仇兼瓊，並將楊國忠也引薦給唐玄宗。這樣一來，章仇兼瓊便保住權勢，楊國忠也接近皇帝，邁出他政治生涯的第一步。

章仇兼瓊雖是朝廷大員，但他畢竟是外官（按：外省的官吏），有事無法「上達天聽」；楊國忠此時還是小人物，但因為和楊貴妃有關係，因此能在朝中說得上話。章仇兼瓊重視楊國忠這個身分，也捧起了他這個身分，自然也就得其他的外官得不到的便利。

到了現代，那些職位本身不高卻手眼通天的人，是你要用心應酬的對象。比如總公司或者上級機關派下來的人、領導者身邊的工作人員和親朋好友等，都必須用心經營。

皇甫是某縣政府的主任，該縣今年申報了一個林業科技專案，需要上級批准，而省林業廳的汪副廳長親自到縣裡實地考察。汪副廳長和縣裡主要管理農林的官員是同學，自然都受到當地的熱情款待。

晚上，汪副廳長一行人被請到縣裡最大的飯店招待，怎奈汪副廳長不喝酒，早早吃完飯便離開了。到了飯店，汪副廳長的隨行人員在皇甫的陪同下繼續喝酒。只是，此時雙方的主管都離開了，大家的情緒都有些提不起來。

這時，皇甫悄悄起身，向樂隊和主持人吩咐了幾句話。沒過多久，主持小姐走上臺來，用甜美的聲音說：「我們把這首歌送給省裡來的貴客孫先生，祝孫先生事業發達，身體健康。」接著，優美的旋律響起，〈小白楊〉的歌聲飄蕩在大家耳邊。

省林業廳的孫先生只是個小科長，這次能出來全因為這個項目和他們公司的業務有點關係，他又和汪副廳長先後在同個地區當過兵，私交不錯。想不到在這個小小的縣城，又聽到當年在部隊的老歌，一下子興致來了，最後忍不住上臺高歌一曲。大家都說孫科長的〈小白楊〉，唱得比剛才那個歌手還有味道。最終，縣裡的專案符合政策，有利於發展，考察團的人又一致叫好，當然也就順利通過了。

陪好主要客人是分內之事，將陪同者也應酬到位才難得。比如，你為了擴展人脈，或者辦某件事要宴請不認識的人，**陪同者就是你與被邀請者的橋梁和連結**，他們的能力也許不如主要客人那麼大，但是對於事情成敗也有一定的影響力。退一步說，他們的自身資源就相當於一個平臺。有了平臺，你才能上臺階接觸到想攀上的人。

第六章

——設宴有道，能把你的層次亮出來

1. 排場不能洩露你節儉、也不顯示你浪費

人們通常容易被有地位、層次高的人吸引，並願意與之為伍。設飯局、藉適當的場地、選擇好的菜色，在人前塑造一個良好形象也是情理之中的事。但是應當注意，展示實力的同時，也要表現出你的分寸與教養。

人在社會上混，你開什麼車、穿什麼衣服、在哪裡吃飯和平時娛樂消遣，都是面子。面子是種本錢，面子越大越有人緣、人氣越旺，這是人際交往中不變的道理。不相信面子的作用，總有在現實中碰壁的時候。

馮立出身農村，他當年省吃儉用，考托福去美國留學，寒窗苦讀多年，不知道洗過多少盤子。回國後，他繼續含辛茹苦熬了幾年，沒有舒適的日子，好不容易才創設一家金融產品公

司。馮立見公司的生意還算不錯，就想學別人上市集資，擴大規模。

於是，他開始約見投資銀行的金融玩家。按照規矩，見面難免要吃飯應酬。但是，馮立因多年艱苦生活的關係，習慣約在他的辦公室樓下吃飯，一是能節省時間，二是節省交通費。而且，他的飯局作風也比較另類。為了省錢，他通常會將幾個不相關的人請在一起，方便一次見多點人，談多件事情。

結果，兩個月下來，投資銀行的人都怕他，圈裡的人把他的飯局傳為笑柄。畢竟，每一種生意有不同的玩法，投資銀行替你融資，自然需要把你的公司包裝得光鮮亮麗，才好推銷給有錢人。想讓人家心甘情願的拿出錢來，總要捨得花點本錢。馮立想找人拿錢，又沒有經營自己的形象，失利也是必然的結果了。

現代社會，商人未開始談判先看氣派。門面做得好，客戶被震懾到，恭敬之心便油然而生，也多少相信主人的實力，樂於與之交易。俗語說：「人往高處走，水往低處流」，找有實力的人做生意乃是天經地義。撐門面可以一舉兩得，做人既風光，生意又做得好。

二〇〇四年六月，印度裔鋼鐵大王拉克希米·米塔爾（Lakshmi Mittal）為了嫁女兒，打造了本世紀最氣派、最轟動的婚禮。他租下十二架波音飛機，將一千五百名各路貴客送到巴黎，參加持續五天五夜的盛大慶祝活動。狂歡地點每天更換一次，都是極度著名而又奢靡的場所，包括著名的杜樂麗花園、凡爾賽宮以及路易十四時期財政大臣的古堡等。

為了方便客人食宿，他包下巴黎五星級的洲際大酒店所有的房間，並臨時把飯店一層改造為大型美容廳。穿著傳統印度服裝的男子在飯店外面打鼓，每逢客人進出就向他們撒花瓣。飯店門口停著幾輛豪華馬車，每一輛車上都有一個迷你酒吧，用以接送客人。

正式的婚禮儀式在巴黎東郊的沃子爵城堡舉行，這座十七世紀的古堡據說因為比凡爾賽宮更漂亮，曾引起路易十四的嫉妒。印度名廚帶著三十八位助手為賓客獻上傳統的印度大餐，整個宴會共喝掉五千多瓶、一瓶價值一萬六千元的法國名酒——「木桐·羅吉德堡」（Château Mouton Rothschild）葡萄酒。

此外，米塔爾還在巴黎西郊的聖克勞德公園臨時建起一座木製城堡，邀請客人到艾菲爾鐵塔附近的戰神廣場觀看煙火表演，耀眼的火光照亮了艾菲爾鐵塔。

在米塔爾的精心策劃下，女兒的婚禮變成一場令人瞠目結舌的豪門大戲。場面之盛大、花費之奢靡，連歐洲王室的婚禮也難以企及，使得米塔爾迅速登上各國娛樂版頭條。雖然，整場婚禮花費了十九億六千萬元，但米塔爾覺得這筆錢花得值得，「這個婚禮非常好，大家都很高興」。它確實征服所有來賓和見證者，米塔爾也逐漸得到歐洲上層社會的認可。

米塔爾藉著這次展示其財勢，向外界傳遞這樣的資訊：不管你如何看，我就是這樣的人，以後我還要以這種強悍的姿態，出現在世界鋼鐵市場。要結交、要合作我都歡迎，而且你絕對不會吃虧；要挑釁、要壓制，先看看這塊巨石你能否搬得動？

在歡宴中做面子，不僅是為了虛榮和炫耀，彼此也可以互相轉化為權力、金錢、關係、資訊等，使得面子變為工具。所以，當你和「重要客戶」或者「重要人物」打交道時，講究一下等級也在情理之中。

宴請這些重要客戶時，東西好不好吃就不是重點——重要的是，吃東西的環境和檔次一定要高，要十分講究排場和面子，因為講究排場才能表示對客戶的誠意和重視。邀請重要客戶吃飯，應首選頂級餐廳或四星級以上的飯店。而一般來講，最先考慮的選擇可能是海鮮類餐廳、日本料理、法式大餐等。這些餐廳幾乎代表著高檔餐廳，以及對菜色的考究。

上述飯店通常環境相當高雅，裝修得豪華氣派、富麗堂皇，排場夠大。而且，這些地方還有很多舒適的包廂、雅座，保證與客戶聊天時不會受到外界的干擾。主客臉上有光，心中舒暢，對雙方合作才有個良好的開始。

2. 餐廳的服務品質，決定你的品質

與不熟悉的重要人物打交道時，一定要撐起場子，以此鋪平以後的合作之路。當然，這不是說設宴越奢侈越好，對於不同來頭、不同身分的人，必須有不同的招待方式，如果你能符合他們的需求辦事，你就是贏家。

宴請既然作為禮儀社交活動，目的自然是實現組織者所追求的目標。為了能讓它圓滿成功，必須進行周密的規畫和安排。設宴在形式上絕對不只有講究那麼簡單，背後還有一連串的附加意義，也就是以形式去提升內容，滿足我們對高品質生活的需求，同樣的，也給那些正冷眼旁觀、細心觀察你的人一個放心的答案。

美國前總統甘迺迪（Kennedy）的夫人賈桂琳（Jacqueline）喜好法國風格的食品和時

裝，在安排白宮國宴時經常選用法國菜。但作為第一夫人，穿著法國時裝又怕被人批評不夠愛國，因此叫美國的服裝設計師製作衣服時，模仿法國的設計，之後便成為美國國內和國際的時尚偶像。

賈桂琳做的第一件重大工作，是恢復白宮內部的原本模樣，當時準備退位的艾森豪（Eisenhower）總統夫人帶領她巡視白宮時，她就為裡頭充斥著沒有歷史感的複製家具而感到沮喪。她認為白宮代表著國家，就應當恢復其歷史形象。

之後，她便要求組成一個美術委員會，著手進行這項工作，到處尋找古董家具和歷史藝術品，甚至親自寫信給曾經設計過白宮的人。完成恢復工作後，一九六二年二月十四日她親自帶領美國哥倫比亞廣播公司（CBS）的主持人，參觀整個白宮並做成電視專題。

賈桂琳主導的許多社交活動，使得總統夫婦成為美國文化界的焦點，是美國歷史上第一任對於音樂、藝術和文化如此關注的總統夫人。

吃飯事小，聚會事大，我們不但需要透過聚會來展示自己的實力，同時，也要從中體現出自己的層次和修養。那些久經社交考驗的名人，自然可以做得體面，而一般人只需要把一些具體的宴請細節牢記於心，也能保證不出太大的差錯。

如果是尚未建立長期關係的合作夥伴，在溝通交流時可能會顯得有些生疏。因此，想讓宴請雙方輕鬆自如、漸入佳境，首先要有個舒適的宴請環境。對於潛在客戶，尤其是不了解他對你將有多大的價值時，你可能不大願意拋重金、像對待重要客戶般講究。但是，安排宴請檔次也不能過低，不能為了節省而選環境差、衛生不佳、交通不便的場所。

要注意：第一，用餐環境要符合商務宴請的檔次。一般來說，四星級酒店的餐廳、咖啡廳是保險的選擇；第二，保證交通的便捷。所選的餐廳位置最好有利於客戶出行；第三，餐廳是否舒適大都取決於服務品質，選擇時應當注意，不能選擇那種要個餐巾也得喊半天的餐廳。

3. 替自己貼金，但別講得太扯

不管是組織聚會者還是參與者，不可避免的會接觸一些陌生的環境與人物，**當有人懷疑你的資格和能力時，自我貼金是有效的攻防之道**，此經典案例為美國前參議員麥卡錫（McCarthy）。

第二次世界大戰期間，麥卡錫應徵入伍、服役於海軍陸戰隊。他在服役期間，並沒有參加過實際戰鬥，所以說整個二戰期間他都是在辦公室裡度過。麥肯錫是偵察轟炸機第235中隊的情報官，他的任務是聽取執行任務回來的飛行員的彙報。在二戰期間，他的確受過一次傷，但並不是參加戰鬥的負傷，而是在一次水上飛機供應艦的宴會上喝醉，從梯子上摔下來跌斷一條腿。

麥卡錫從海軍陸戰隊退役後，於一九四五年當選為巡迴法庭的法官。到任伊始，麥卡錫立刻準備競選威斯康辛州國會議員的計畫。他提出的口號是「威斯康辛州在參議院裡要有個機尾炮手」。他為了競選成功，吹噓自己在二戰期間當過機尾炮手，曾多次執行戰鬥任務，在太平洋戰爭中出生入死、英勇戰鬥，立下了汗馬功勞。

他為自己的傷而自豪，為了展示他曾「光榮負傷」、炫耀自己是二戰中的英雄，他有意無意的用那條跌斷過的腿跛著走路。一九四六年，這位善於貼金的能手在競選中，居然當選為美國參議院的參議員。

足夠高明的貼金術，實則虛之，虛則實之，以一切閃爍的言辭，激起對方的熱情。著名策劃人張一一講述自己到大公司拉業務的經過：

該公司董事長雖然表面上對我很客氣，可是我也感覺到他認為我「乳臭未乾」，懷疑我的能力。我知道這樣僵持下去，等到接待時間一過，這個至少五百萬元的生意即將泡湯，所以必須當機立斷給這位董事長一劑強心針。

我馬上請助理打開筆記型電腦，展示我們公司一些大客戶的名單和專案，董事長開始有些心動了。這時候，我又不失時機的調出和「世界百位設計大師」中的第一位華人靳埭強先生、臺灣設計界泰斗林磐聳先生、企業形象戰略專家賀懋華先生等一流名人的合照，就他們做過的一些著名案例，簡單的介紹和評價，好像這些案子都是我主導的一樣。

其實，我與這幾位大師級的專家真正一起工作的時間不滿一個月，幾個比較大的案子我頂多算是「參與」而非「主導」。不過，由於我這些特殊的工作經歷，再加上該董事長又曾經聽過賀懋華老師精彩的演講，對他甚是欽佩，因此他覺得我年紀輕輕就和這些大師共同工作，打成一片，一定有些真才實學。因此，接待時間從十分鐘延長到三十分鐘，之後他在董事會上力挺我們公司接手這一項目，後來合作也非常愉快。

張一一有意將與大師的一面之緣誤導成親密關係，把參與誇張為主導。但在張一一心中，這不是個汙點，而是又一次的成功策劃，所以他才可以得意且詳細的轉述這一次光輝的歷程。

看來，我們需要調整一下固有的觀念了，為了自己的前程，也不必太認真老實，必要時試著把自己形容得更優秀一些，說不定就有意外的收穫。默默無聞、埋頭做事的人，常得不到應有的重視，反而那些有意要把自己推出來的人，才會得到關注。

日本著名作家深田佐介曾在一篇文章中，介紹一位在日航時期的同事，這位同事年輕時就懷有抱負，常對深田說：「我將來一定要成為國會議員。」然而，這位同事直到現在仍未實現自己的理想。可在當時，許多同事都說：「這個傢伙是個有遠見、很了不起的大人物。」甚至連公司高層也產生「有這種志向的人在我們公司裡服務，真是難得」的評價。因此，他很快就被升為部長，不久後又被升為公司經理。

深田佐介的這位朋友，當時是否真的立志成為國會議員，我們不得而知，但他能說出這種大話，就足以使周圍的人肅然起敬，刮目相看。

讓別人欽佩自己的方法很多，其中最有效的方法就是，**讓人感覺你比其他人更有發展前途**。為了表現你的潛力，就有必要為將來編織出一幅美麗、宏偉的藍圖，即使這種藍圖完全不可能實現，卻能給人良好的印象。

即使一無所有，你也可以先為自己樹立起厲害的形象來，然後周圍的人就會拿那個標準對待你，你也會拿此標準要求自己。有可能，從此你就會真正厲害起來。

4. 人際交往必須適時流露實力

一個具有良好形象的人，總能得到他人信任，能在逆境中得到幫助，也必定能在人生的旅途中，不斷找到發揮才華的機會，活出自我。那麼，良好的形象又是怎樣樹立起來的呢？

對於那些演藝明星或者是位高權重者，身後總會有一家公司、一些專業人士提供包裝、策劃。那麼，我們這些普通人呢？我們也要工作、生活，得到社會的認可，也需要隨時隨地展示最佳形象。沒有專業人士的幫助也無妨，我們可以自力更生，借助幾種小道具，給自己提提神、打打氣。

最簡單的包裝工具，無過於書籍。上個世紀，文學還很熱門的時候，年輕人手裡拿一本詩集，連談戀愛都有深度涵養。今天，我們要展示的則是自己的專業形象。大家可能都有這樣的感覺，生病看醫生時，如果西醫的辦公桌上放兩本精裝的外文書，中醫的案頭放兩本線裝古籍，我們大都會肅然起敬，放心把自己交到他們手裡。

范先生曾是一家知名大企業的銷售部門經理，業務知識豐足，而且還能說一口流利的英語。他的銷售成績穩定上升，多年在職場上打滾練就了遇事不慌、穩紮穩打的性格，在公司的影響力很大，同時深得上級的賞識。可是，就在面臨提拔的時候，他毅然辭職，決定下海經商。

范先生覺得憑藉自己的能力，再加上原本的那些客戶，就沒有問題了。可是，因為他沒有實力，人們對他缺乏信任，曾經熟悉的客戶與他斷了聯繫、大公司不屑再與他合作，他被拋向業界的角落。

但是，范先生並沒有因此灰心，反而先轉移實力不足這點，決定先吸引一流的商人和客戶為主。首先，他利用原公司的影響力吸引人才，當然他不會忘記打好內線關係，以防被人識破。

其次，他租用一套像樣的房子，又從別處租來一套有質感的辦公家具，精心布置一番，辦公室頓時氣派非凡，又從家中拿了些商務方面的書擱置書架上，而且一半新、一半舊，使人不致懷疑他在業界的真才實學。

另外，他也認真的把自己包裝一番，筆挺的西裝、精製的公事包，給人幹練、精神飽滿的感覺，增加了許多信任感，之後，公司生意終於越來越好，影響力也越來越大。

所以說，好形象是人生的資本，充分利用它不僅能為日常生活添加色彩，更有助於你走向成功。講到包裝，名片比書籍更為小巧直觀，**名片上的頭銜稱謂，就是概括一個人在社會上的位置**。那些成功者的名片上，總會有兩、三個有分量的職位，有自己的公司名稱，或者是在某個學校、某個組織的兼職，總之，凡能添光的頭銜，絕對不會有所遺漏。據說，李嘉誠有一種名片，上面只有姓名，簡簡單單的三個字。

一般人的話，別嫌虛偽，也別嫌俗氣，老老實實的注明所有能表明自己身分的東西，原則為就高不就低。寧可被當成商業社會的大俗人，也不能讓人沒印象。

除了書籍和名片外，還有一種常用的小花招也不要忘記了，這個關鍵字就是：我很忙。日本有個熱門節目，內容是充當觀眾的演員打電話給朋友，請他下次上電視表演。當觀眾打電話問朋友：「你明天能不能抽空參加表演？」很少能馬上得到肯定的回答，常見的反應是：「你稍等一下，我查查我的工作計畫，看是否有衝突。」

然後，過一段時間才回答：「沒問題，這段時間正好是空檔。」當然也會有人回道：

「對不起，明天我有安排，你再找別人吧。」在現實社會裡，「我很忙」也是一句現成的自我包裝。許多人寧可將有時間說成沒時間，擺出自己很忙的樣子。

一個人的忙碌程度與別人對他的評價息息相關。特別是在商場上，時間排得緊湊的人，常給人能幹的印象。但單憑口頭上說「我很忙」還不行，這樣做會很容易被人識破。因此，在約時間時，即使明知某天有空，也盡量避免立刻回答，而是先假裝看工作計畫才回答，如果那天真的已安排工作，就將計畫翻開給對方看，就更能加強效果。

上述的這些運用，不外乎是顯示我很專業、很重要等，照這個邏輯，我們大可舉一反三，隨時在生活中尋找自己的加分籌碼。比如，邀請別人參加你的聚會，你可以說：「我推掉了一切安排，特地在星期一的晚上恭候大駕，你一定要來呀！」這樣，自己有身分，對方也有面子。如果是他人邀請你，不願意赴約時自然可以用「我已有別的安排」推辭；認為可以、應該去的，也可以表示「我先安排好其他事宜，再準時赴約」。

5. 你如何對待服務你的人，洩露你的品格

形象並不是簡單的穿衣和外表的概念，而是包括你的穿著、舉止、修養、生活方式、家庭出身、開什麼車、和什麼人交朋友等。它們清楚的為你下定義，你是誰、你的社會位置、你如何生活，以及你是否有發展前途。

優雅的舉止和得體的談吐，往往是你征服別人的第一步，而無意之中那些「不入流」的言行舉止，也可能摧毀掉你。

于嘉是一家建築設計公司的行政助理，她的老闆姓陳，是位知識分子，白手起家打下一片天地，如今在業內小有名氣。

一次，于嘉陪老闆陳先生約見一位客戶，他們在茶樓邊品茶、邊商談合作事宜。相談甚

歡時，茶樓的服務生送點心上來，他們點了三份茶點，這位服務生忙中出錯，只送兩份上來。那位客戶見此情形勃然大怒，一邊拍桌子、一邊埋怨茶樓怠慢客人，把那位年輕的服務生嚇得除了連聲道歉，便什麼話也說不出來。

陳先生倒是非常平靜，他只吩咐服務小姐再補一份點心，然後又接著和客戶聊起來。回公司的路上，陳先生告訴于嘉另找合作夥伴，中止與這位客戶的會談。于嘉不解，陳先生說：「他遇事太衝動，不像是能穩住大局的人，若與他合作，可能會因為一些小事磨合不好而節外生枝。」

如果你現今正處於「上流」的位置，卻時不時露出一些「下流」的粗陋舉止，無論你是誰都難以得到人們的尊敬；反之，你身處下層，舉止談吐卻符合上層的文雅，那麼你的上升空間就非常廣闊。

很少有人天生就魅力超群，要使自己成為受歡迎的人，可以在社會中悉心接受磨練，表現你的教養。有人把禮儀理解為繁文縟節，覺得那虛偽、客套，這種想法顯然錯了。從個人修養來看，禮儀可以表現出人的內在修養和外在表現；從交際的角度來看，是以尊重、友好示人的習慣做法。

在我們的社會生活中，禮儀可說無所不在，它涉及到友好、尊重、認同等多個面向。你想要在某個圈子裡如魚得水，受到大家的歡迎和喜愛，那麼得體的風度和表現，是人們打分數的基礎。

富有魅力的形象，就是不斷的向周遭的人傳遞這樣的資訊：「此人是一個重要人物。他很可靠、實力不可小覷，我們都應該尊重、仰慕、信賴他。」而人們似乎也聽從、認可了。你也許什麼都沒做，就已經在人們心中獲得一定的地位。

因此，雖然不能說形象決定成功，但彼此之間還是相互促進的。你越成功，你的形象就越有影響力；形象越魅力十足，也就越容易走向成功。

每當看到那些小有成就，卻形象猥瑣或乖戾的人時，都免不了替他感到惋惜，因為不能改善形象就無法成功。這樣的人只能成功的做成某些事，而形象良好、魅力十足的人成就了他自己。形象不佳的人只會惹人厭；擁有美好形象的人才會受人擁戴。一個人在社交生活中，應該從以下幾個方面增加自己的修養：

1. 有禮節。寒暄就是語言的禮節。有五個最常見的慣用語，它表達交際中的問候、致謝、致歉、告別、回敬這五種禮貌。問候是「您好」、告別是「再見」、致謝是「謝謝」、致歉是「對不起」；回敬是對致謝、致歉的回答，如「沒關係」、「不要緊」等。

2. 有分寸。說話要有分寸，明確自己的交際目的，選擇好交際方式。同時，要注意如何用言辭、行動去恰當表現。當然，分寸也包括具體言辭的掌握。

3. 有學識。富有學識的人將會受到社會和他人的敬重，而不學無術的粗淺之人，將會受到社會和他人鄙視。

4. 有教養。說話有分寸、講禮節，懂得尊重和諒解別人，是有教養的表現。在別人有缺點時委婉而善意的指出。別人不禮貌時，本著諒解的態度，視情況理智的處理。

當我們心中的目標明確，知道要把自己打造成什麼樣子時，就可以按照那個想像來形塑自己。這時候，無論你的風度、素養還是思想，都會有脫胎換骨的改變。

6. 話題和菜色一樣，要事先準備

安排飯局的時候，如果宴請的是熟悉的親朋好友，自然可以隨便些，而且因為熟悉，你也大致了解大家的口味，不容易出現什麼差錯。如果對象是客戶就比較傷神，誰為主、誰做陪、在哪裡請、點什麼菜……都要好好斟酌一番。

在安排宴會之前，首先要對請的客人心中有數。一般來說，邀請客人都有個目的，可能是洽談專案、簽訂合同、接風迎客、餞行話別等。

按照常規，不宜把毫不相干的兩批客人合在一起宴請，更不能把平時有芥蒂的人請在一起，以免氣氛不愉快。另外，請客是講究規格，我們可以根據要談論的事的重要程度、自己的消費水準安排不同檔次的場所。若是公費，公司一般也都有相應的規定。

菜色應該要根據宴會的規格來準備，主要原則為考慮客人身分及宴請目的，做到豐儉得當。整桌菜應有冷有熱，葷素搭配，而且主次分明。即一桌菜要有主菜，如魚翅、燕窩、甲魚等，以顯示宴請的規格，然後再以一般的菜調劑客人的口味。這些菜可以不求高檔，以適口為主。通常人們所說的好菜，除了本身價值不菲的食材，最主要說的是味道好。

然而，中國的飲食文化東西南北口味差別很大。傳統上「南甜北鹹、東酸西辣」的風味也逐漸融合，出現不少新口味。那麼怎樣的味道才是好味道呢？既然是請客，當然是迎合客人口味和心意的菜最好，這恰恰是商務宴請中最難把握的。

如果能根據客人的故鄉、職業、個人興趣大致推斷出其口味，就再好不過。但如果實在難以推測，也可以點兩至三道相對保守的菜，也就是一般情況下大眾都能接受、所謂中性的菜。那種口味太過刺激、特點太過鮮明的菜，喜歡和不能接受的人態度會兩極。相對而言，還是中性菜比較妥當。有時候，中庸也是一種個性。

因為工作原因，需要經常在聚會中應酬的人，可以多在這方面下點功夫。在公司附近找兩、三家不同檔次的飯店，每次根據客人的情況，就近安排在這固定的幾家飯店。這樣既不會因選擇餐廳而耽誤時間，又可以跟飯店建立長期關係，得到優惠。

更重要的是，經過長期考驗的飯店，除非有換廚師等特殊情況，否則，一般菜色都不會出現不新鮮、不衛生等大問題，太鹹、太淡發生的機率也比較小。每次端上桌的菜，哪怕是以前沒有嘗試過的新菜色，也不會差到哪裡去。

長期在這些固定飯店消費，服務生就會非常熟悉你的需求，不必再煞費苦心的點菜，只需要悄悄知會一下此次宴請的規格，服務生自然就會根據客人的人數、性別、年齡以及時令等，迅速點好一桌符合要求的菜餚。這些菜色也不是一味的山珍海味，而是各個檔次的食材互相搭配，因此，價錢不會太昂貴。這樣一來，你不必花費過多的金錢和精力，就可以給客人留下有誠意、有實力的印象，對以後的交往大有好處。

大多數酒宴賓客都比較多，所以應盡量多談論大部分的人都能夠參與的話題，得到多數人的認同。因為個人的興趣愛好、知識面不同，所以話題盡量不要太偏，避免唯我獨尊而跑題、忽略了眾人。

同時，**最忌向對方提出必須放下手中餐具，才能回答的嚴肅問題，也不要提出必須長篇大論**，或者是**花較長時間才能回答完**的問題。此外，一些**不衛生的話題**，或是容易使人**產生不當聯想的話題都應避免**。

其實，聚會是一門學問，飯局不是專場演出，而是要顧全大局。如果餐桌上從頭到尾都在談工作，通常是沒有工作能力的人所表現出來的行為。留給對方的印象不是枯燥無味，就是喜歡自吹自擂，幾乎很少人喜歡跟這種人打交道，而且也失去飯局的初衷——交朋友及搞好人際關係。

那麼，這就要求我們不要自滿，有時甚至要裝笨，不要表現得比客戶還聰明，這樣就會滿足客戶想受人尊重的心理，同時也會促成彼此之間的友誼，必然會促成交易上的成功。

當然，如果是事先約好在餐桌上談公事，或者是對方主動談起的話題，當然就要另當別論了。但除此之外，最好還是談一些有關菜的味道，或各地風土人情之類的話題，總而言之，餐桌上的話題應以閒談聊天為主。

除了公司內部的事情，客戶公司的趣聞、社會關注的話題、行業動態、八卦新聞等都可以成為餐桌上的話題。聚會社交，並非一、兩天的事情，求有功，先求無過，這樣才會給以後的交往留下充分的餘地。

第七章——沒有人是為了吃飯而來，請先做功課

1. 為見面的第一句話做足準備

即使是「高人」、「強人」和「貴人」，也都有柔性、虛榮的一面，這就給那些小人物和普通人提供機會。在酒桌上，大家的精神都放鬆之際，你的細心與周到、開朗與幽默，都可以為你贏得人氣，獲得額外的關照。

越是在社會上吃得開、混得好的「聚會動物」，越常需要跟一些陌生人打交道。初次見面，給人的印象最為關鍵。俗話說：「酒逢知己千杯少，話不投機半句多。」有的人相處一輩子形同路人，而有的人卻一見如故。兩個萍水相逢的人要想在短暫的時間內，達到心靈上的共鳴，說好第一句話至關重要。

說好第一句話的關鍵是給人親熱、友善、貼心的感覺，消除彼此間的陌生感。比如，主持人白岩松在耶魯大學（Yale University）演講，「過去的二十年，中國一直在跟美國的三任總統打交道，但是今天到了耶魯我才知道，其實它只跟一所學校打交道。」這就恰到好處的對耶魯大學這個「總統製造者」表達了仰慕之情，也就拉近與耶魯學子的距離。

一般來說，對任何一個素不相識的人，只要事前認真做調查，都可以找到或明或隱或近或遠的關係。而當你在見面時及時拉上這層關係，就能一下子縮短彼此的距離，使對方產生親切感。

一九八四年五月，美國雷根（Reagan）總統訪問上海復旦大學。在一間大教室內，雷根總統面對一百多位初次見面的學生，他的開場白就緊緊抓住彼此之間還算「親近」的關係。他說：「其實，我和你們學校有著密切的關係。你們的謝希德校長同我的夫人南茜，還是美國史密斯學院的校友呢！照此看來，我和各位自然也就都是朋友了！」此話一出，全場鼓掌。短短的兩句話就使一百多位黑頭髮、黃皮膚的中國大學生，將這位外國總統當做親近的朋友，接下去的交談自然熱烈，氣氛極為融洽。你看，雷根總統這段開場白設計的多麼巧妙！

其實，只要認真留意，就能發現雙方都有著「親和友」的關係。例如：「你是南開大學的畢業生？我曾在南開進修過兩年，說起來，我們還是校友呢！」、「您來自蘇州，我出生在無錫，兩地近在咫尺。今天能遇同鄉，真是高興啊！」

面對陌生人，人們總會下意識的存有戒備。此時，你要善於察言觀色，並留心分析、揣摩，也可以在交談時揣摩對方的話語，從中發現共同點。

小桐是位湖北女孩，隻身一人在北京打拚，目前是在一家文化用品公司做銷售。一次，經理宴請一位重要客戶時，小桐也一同參加。點酒的時候，那位女客戶說：「我感冒了，這幾天身體不太舒服，酒就免了，請給我一碗熱湯麵就好。」她說的是普通話，但是那個「我」字帶出了湖北口音，而且小桐聽得出，她的家鄉一定離自己家不遠。

於是，小桐用家鄉話和她攀談起來：「妳是湖北人？離家那麼遠，在這裡遇到老鄉真不容易！」兩個人相視一笑，彼此多了一份親近。這頓飯吃下來，小桐給那位女客戶留下很好的印象，以後有什麼活動，她都會指名要小桐參加。

當我們對他人感興趣的時候，自然而然就會去關注他的一舉一動，這都可能成為交談的話題。比如，對於飯局中的陌生人，你可以從他的口音推測他的家鄉，聊聊各地的風土人情，也可以透過聊天得知他的教育背景、興趣愛好等資訊，並以此提出問題。

假如對方願意說的話，就這樣打開局面，繼續聊天下去。但你要做的準備是，**壓下想談論自己的欲望**，多鼓勵他人談論一下他自己。這樣，在交談中你會得到很多關於他的資訊，這就是進一步交往的時機了。只有善於了解對方的情感，才有可能正確的選擇該講什麼、不該講什麼，使對方與你產生共鳴，使說話的氣氛變得輕鬆愉快。

有時適當的**暴露一些自身缺陷、一些祕密，更能贏得對方的關注**。如果一個人能坦率的暴露缺點，反而使人對你正直、誠實的作風留下深刻印象，這往往能轉變成別人對你的信賴，你自然也就大受其益了。

一個陌生人在你面前並不可怕，可怕的是你不能與他交談。你只要主動熱情的和他們聊天，努力探尋共同點，贏得對方的好感，就能拉近你們之間的距離。即使是對自己不甚了解的人，也可以談談新聞、書籍，這都能在短時間內使對方喜歡上你，並樂意與你談話。一旦拉近心理距離，雙方就很容易推心置腹了。

2. 把滿足對方心理需求的稱呼掛在嘴上

我們會在聚會中接觸到形形色色的人，一個比較關鍵的細節就是**該如何稱呼對方**。稱呼得好，就可以迅速拉近彼此之間的心理距離，使雙方快速建立友好關係；稱呼不到位，雙方還是會形同陌路，關係難以發展。

有位大學生應邀到老師家吃飯，老師的太太開門迎接，這位學生當時不知道怎樣稱呼才好，脫口說了聲「師母」。老師的太太感到很難為情，這位學生也意識到似乎有些不妥，因為她也就比這位學生大十歲左右。

按身分，老師的太太當然應稱呼師母，但這是舊稱，人家因年齡關係可能不願接受。

最好的辦法就是稱呼「老師」，不管她是什麼職業，稱呼別人老師含有尊敬對方和自謙的意思。

如何稱呼別人的確是個問題。比如在日常交往中，對上級可以不稱官銜，以名字相稱，使人感到平等、親切，也顯得平易近人，沒有架子與官威，明智的主管十分歡迎這樣的稱呼。但是，如果在正式場合，如開會、與其他公司接洽、談工作時，稱主管為「王經理」、「張廠長」、「趙校長」、「孫局長」等是必要的，因為這能體現工作的嚴肅、領導的權威和法人資格。

如果有人身兼數職，或者是在不同時期擔任過不同職位，當然要以他目前的職位為稱呼的首選，但是如果你是他的老部下，偶爾稱呼一下舊職位也無不可，這可以喚起對方的親切感。如何稱呼別人，追根究柢還是要為對方的感受著想，不是只有自己叫著省事和順口。對於尊長，稱呼要有足夠的敬意，而對於同等身分、年齡也差不多的人，則以稱呼名字為佳。

對於同齡，就別使用比較大眾化的稱呼了，這會使對方感覺你和別人完全一樣，沒什麼特別的，彼此關係也是一般而已。所以，你應該使用一些比較特別的，讓別人感覺親近的稱呼，來迅速改變彼此的關係。

從心理學角度來講，當兩個人心理上的距離越來越靠近時，稱呼也會從姓加頭銜，然後到名，再到暱稱。這種透過改變稱呼來拉近彼此之間的距離，在生活中應用得極為廣泛。

有位廣告公司的業務員，一次宴請一位房地產公司的總經理。房地產公司有位前臺小姐叫岳珊珊，也隨老總一起赴宴。交換名片的時候，業務員很認真的把她的名字讀了一遍，席間敬酒夾菜時也都稱呼她的名字。

幾天後，這位業務員又去拜訪老總，發現有人先到了，正以一副公事公辦的口氣跟岳珊珊講話：「小姐，能不能幫我通報一下你們總經理，我有很重要的事情要和他談。」「對不起，今天李總吩咐不見客。」岳珊珊一點面子都不給他。那人失望的離開了，於是這位業務員迎上去說：「呀，改變髮型了，很符合妳的風格嘛，以後就叫妳『珊珊』好了。珊珊，我今天有重要的事情得跟李總談，請轉告一聲。」他說完後熱切的看著岳珊珊。岳珊珊這次變得非常爽快，立刻帶他去見總經理。

一般而言，先生、小姐等稱呼比較正式，如果總是運用這樣的稱呼，會給對方你始終和他保持著一段距離的感覺，他自然就要和你也保持距離了。但是，直接稱呼對方的名字，是關係很好的朋友之間才會使用，要自然的改變稱呼，才能迅速拉近彼此之間的距離，加深雙方之間的感情。

當然，就一般的社交場合而言，如何改變稱呼還是要看具體情況，並不是越早改變稱呼就越好，也不是一上來就直接稱呼對方名字就好，你應該根據雙方關係的進展來隨機應變。有時你必須留出一段時間讓對方慢慢習慣，不要太過急躁，否則會顯得輕浮。在改變稱呼時要不留痕跡，盡顯自然。

最後要注意，對於不確定的稱呼，先不要貿然開口。假使與不熟悉的人一起喝酒，你可以先打聽一下對方身分，或是留意別人如何稱呼，做到心裡有數，才能避免尷尬或傷感情的情況出現。

3. 飯局潤滑劑是聚會不可少的人物

飯局將不同背景的人們聚集在一起，其中有這麼一種情況，就是在主客雙方相對陌生的情況下，主人為了怕冷場，常會邀請一些陪同者入席。這些陪同者並非有多大能耐，而是以幽默開朗的好人緣獲得入場券。他們精於酒宴之道，是酒桌冷場的救星，有了這樣的人，不管是冷、熱的酒宴都能造成轟動。提升客人興致，為主人解開難題是他們的獨門功夫。

劉曉是個生意人，他起步晚、資金也不雄厚，但是他擅長社交，和各種人都處得不錯。有一次他應老同學之邀，參加一個私人聚會。老同學的客人是一對父子，彼此喜歡鬥嘴。

「朋友交情，喝酒越喝越厚，賭錢越賭越薄。」張老闆罵兒子：「你就是喜歡賭，我到賭場裡去，十次有九次遇見你。」

「你還敢說我。」小張反脣相識，「你去十次，九次遇見我，至少還比你少一次！」

「你看看、你看看！」張老闆氣得拍桌子，「這麼大了還這麼沒規矩，強詞奪理。」

劉曉看他們亂成一團，實在好笑，「他們這一代的孩子，從小被寵慣了！」

「都是他媽慣的，讓劉老闆見笑了。」

「說哪裡話！我倒看這位小老弟，實在、能幹、英俊，是經得了大場面的外交人才。」

這句話說到張老闆得意的地方。他正正經經答道：

「劉兄，『玉不琢，不成器』，我這個孩子，鬼聰明是有的，不過要好好跟人去磨練。回頭我們細談，先喝酒、喝酒。」

透過這次飯局，劉曉和張老闆成為朋友，生意上從他那裡得到不少幫助。

交際場合要懂得察言觀色，見什麼人說什麼話乃至插科打諢也是功夫，這種人走到哪裡，都受到歡迎。而他自己也可以憑交際手腕，獲得無限的便利和無數次機會。

古典白話小說《轉運漢遇巧洞庭紅》裡，有個叫文若虛的蘇州人，因為會說笑，所以朋友都喜歡他，每當有酒宴、遊樂之事時都願意招呼他；一群朋友出海做生意時，大家也都湊錢帶上文若虛，只因為有了他可以消解旅途寂寞。於是，文若虛就趁這個機會揚帆海外，大賺了一筆錢。

有意於靠口才取得「聚會入場證」的朋友，可以先從酒場上最普通的應酬功夫下手。有人說「請客就怕不來，來了就怕不喝，喝了就怕不透」，在酒桌上，如果你勸酒有度、推酒有方，就算是入了門。

週末，劉經理要宴請公司的幾個客戶，由於工作關係，他把銷售部的張彤和于璇也帶上。宴席中大家互相敬酒，好不熱鬧。正在大家興高采烈的說笑時，一位客戶端著酒站起身來，要和于璇單獨喝一杯。這時，于璇也面帶微笑，手端酒杯，很禮貌的站起身來。大家的目光也都聚集在他們兩個身上，只見于璇舉杯過頭，甜甜的說：「酒逢知己千杯少！」大家齊聲喝采道：「真夠朋友！」誰知這時于璇又即興補了下一句：「能喝多少喝多少！」說完輕輕的喝了一口，大家都被于璇頗富創意的「詩」給逗樂，酒興也更濃了。

臨散席時，另外一個客戶突然大聲倡議：「現在熱烈歡迎張彤為大家致告別辭！大家說好不好？」、「好！」張彤感覺非常突兀，明知是客戶故意捉弄自己，但她毫無懼色、面帶微笑，起身致詞：「美酒飄香使我想起大詩仙也是酒仙李白。請允許我套用詩人的一句詩，來表示對大家的答謝：『桃花潭水深千尺，不及各位鄉土情』！」多麼恰當簡練的話語，其中又透露著風趣瀟灑，自然博得一聲喝采。不僅增添濃郁的雅興，又為當晚的酒宴畫上圓滿的句點。

酒宴上的高手，要想盡辦法讓客人喝出興致來，酒量好的不一定就能陪好客人，量窄的人一樣也可以活躍氣氛。

某公司的張科長去海南洽談生意，凱旋歸來後，同事張羅著宴席迎接張科長，小韓也在其中。然而，小韓平時很少飲酒，酒量也不堪一擊。在酒宴上，在座的同事都與張科長舉杯喝酒，同時也把喝酒的氣氛推向高潮。

這時，張科長舉杯要在坐的同事共同乾一杯，同事紛紛響應，各自喝乾了杯中的酒，只有小韓抿了一小口。同事馬上要求小韓乾杯，小韓微笑著站起來說：「只要感情有，喝多喝少都是情，再說我們天天在一起，我的酒量大家也是知道的，這樣吧，今天張科長勝利歸來，大家都特別高興，我來唱首歌為大家助助酒興。」聰明的小韓用歌聲轉移同事的注意力，不僅推了酒，還為酒席增添熱烈的氣氛。

我們在遇到這樣的場合時，不妨也學學小韓，可能你沒有動人的歌喉，但是，你也可以為大家講一個笑話，或者事先有備而來，為大家表演一個小魔術。

總之，不管你做什麼，都要給酒宴增添氣氛。在酒場上，一張嘴不僅僅是用來喝酒的，而是要舌粲蓮花，挑起同桌人的興致。

4. 席間解嘲。平常就得先料敵

在任何一場聚會中，幽默有趣的人總是深受歡迎。幽默感代表著興致和機智，幽默的人常能使酒桌上充滿歡笑，有時一個笑話或者是兩句妙語，就能使場上的氣氛活絡起來。

張大千是中國現代著名的畫家，他下巴留有長鬚，講話詼諧幽默。一天，他與友人共飲，座中所談的笑話都是嘲弄長鬍子的。張大千默默不語，等大家講完，他清了清嗓門，也說了一個關於鬍子的故事：

三國時期，關羽的兒子關興和張飛的兒子張苞隨劉備率師討伐吳國。他們兩個為父報仇心切，都爭當先鋒，這使劉備左右為難。沒辦法，他只好出題說：「你們比一比，各自說出自己父親生前的功績，誰的父親功大誰就當先鋒。」

張苞一聽，不假思索的說道：「我父親當年三戰呂布，喝斷壩橋，夜戰馬超，鞭打督郵，義釋嚴顏。」輪到關興，他心裡一急加上口吃，半天才說了一句：「我父五縷長髯……」就再也說不下去。

這時，關羽顯聖，立在雲端上，聽了兒子這句話氣得鳳眼圓睜，大聲罵道：「你這不孝子，老子生前過五關斬六將之事你不講，卻專在老子的鬍子上做文章！」張大千的故事還沒講完，在座的所有人都已經捧腹大笑。

幽默雖隱含著引人發笑的成分，但它絕不是油腔滑調、耍嘴皮子那麼簡單。舉凡有幽默感的人，都不乏文化教養和品德修養，而一個心胸狹窄、不學無術的人是不會有幽默感的。

幽默的精髓在於超乎常理。俗話說：理兒不歪，笑話不來。說鹹蛋是鹽水煮的不是幽默，說成是鹹鴨子生的才是幽默。明達的人都知道：「笑的金科玉律是，不論你想笑別人怎樣，先笑自己。」自嘲，也是自知、自娛和自信的表現，本身也是一種幽默。

有位英國作家是個大胖子，由於其體型較大，行動往往不太方便。有一次他對朋友說：「我是個比別人親切三倍的男人。每當我在公車上讓座時，便足以讓三位女士坐下。」這便是一種自嘲。輕鬆愉快的自嘲，既營造輕鬆愉快的氣氛，同時又表現出他高度的自信。

培養自己的幽默感，你可以從以下幾個方面入手：

1. 心胸要寬廣。

敞開你的心胸，去接受各種不同的人和事物，這些人和事物會在你的心中留下痕跡，成為幽默感的種子。中外無數的大政治家、大思想家、大文豪都是極富幽默感的人，在我們的周圍也不乏開朗風趣之人。跟各行各業的人聊天，你常會意外的發現他們運用語言之妙，足以令人傾倒。

2. 保持愉快的心情。

一個幽默的人，能夠給朋友帶來無比的歡樂，並且在人際交往中增加魅力，因而備受歡迎。有些人天生就渾身散發著幽默細胞，但不是說缺乏這種秉賦的人，一輩子就刻板嚴肅。一個幽默的人生才是健康的人生，試著讓自己的心態變得幽默，未來也會跟著亮起來。若心情沉鬱，老是想一些不快樂的事情，怎能製造出屬於快樂的幽默感？

3. 累積幽默感的題材。

古今中外浩瀚的書籍中，特別是在諷刺小說、喜劇劇本、漫畫集錦、笑話集和寓言等作品中，幽默語言的記述甚多，不妨多閱讀這些作品，從中受到啟發。此外，還可以多欣賞些滑稽劇、相聲、小品等文藝節目，從而開闊眼界，豐富知識。你所要做的只是找到一、兩本笑話全集，或者是搜尋一、兩個笑話網站，然後背下其中你認為特別經典的笑話，在適合的場合說出來就可以了。

另外，要使自己談吐風趣，最好的辦法就是**向生活學習**。就像所有表達一樣，了解基本規則並不保證就能說出精彩的話、寫出動人的文章。著名語言學家呂叔湘先生說過，好的表達就是適合此時、此地、此景的話，換了別的話不行，而適合此次條件的話，下次不一定行。幽默也是如此，此時幽默，到了彼時會索然無味。貌似平淡的平常語言，用得適宜則妙不可言。

心理學家埃里希・弗羅姆（Erich Fromm）說：「如果你希望有所成就、希望引人注目、希望社交成功，那麼你就應該學會來點幽默，讓大家一起笑。」

5. 在細微處下功夫，最能打動人心

所有在意的人都知道如何小心經營，去贏得他人的好感和支持。

前美國總統卡爾文・柯立芝（Calvin Coolidge）在任副總統之時，有一次要到阿拉巴馬州一家公立醫院獻禮。本來應該由阿拉巴馬州州長來搭乘柯立芝的專車，但柯立芝考慮到這在州長自己的轄區內，應該尊重州長，於是決定改變計畫，自己去搭州長的車。

這確實是一件小事，可正因為有這些小事，才能與他人結下深厚的友誼，從而邁向成功。在和陌生人初次交往時，一定要注意各方面細節，從細微之處表現出你對他的關心、欽佩和喜歡。要知道，對方因為和你還不熟，所以只能從你的各種行為來推斷你對他的態度、

認可程度、性格以及為人處事方式等，而你不自覺中流露出的各種細節，正是他判斷的重要依據，如果你能從小細節征服他，那他就會發自內心接受你了。

清光緒年間，周炳記木號的周老闆愁眉不展，因為那時鎮江木號的木材大都堆在江裡，為此，每年要多繳納幾千兩銀子的稅。木號的老闆就想要透過送禮，請知府大人放寬稅貼，可這位知府自稱清正廉明，將所贈禮品均拒之門外。

就在這時，傳來知府大人想為他母親慶祝八十大壽的消息，周老闆聽了愁眉頓開，高興萬分。他覺得這是個千載難逢的機會，因為知府大人是位孝子，對老夫人的話百依百順。如果能打動這位老夫人，不就等於說服了知府大人嗎？

於是，周老闆連忙派人打聽老夫人喜歡什麼，來人報告說她最喜歡花。聽完後，周老闆又憂愁起來：眼下初入寒冬，哪來的鮮花？忽然他靈機一動，有辦法了。

老夫人做壽這天，周老闆帶著太太一行人早早來到知府大人的後衙。周太太一下轎，丫鬟就用綠色的綢緞從大門口一直鋪到後廳，周太太在綢緞上款款而行，每一步都留下一朵梅花印。朵朵梅花一直「開」到老夫人的面前，「祝老夫人壽比南山，福如東海」。老夫人聽了笑瞇瞇，連忙請他們入席。

宴席期間，共上二十四道菜，周太太也換了二十四套衣服，每套衣服都繡著一種花，牡丹、桂花、荷花、杏花……看得老夫人眼花撩亂，眉開眼笑。直到宴席結束，周太太才請知府大人高抬貴手，放寬木行稅貼。老夫人正在興頭上，忙叫兒子過來，吩咐放寬周炳記木號的稅貼。既然母親開了「金口」，孝子不能不點頭答應。從此，周太太成為知府家中的常客，每次來都「借花獻佛」。那孝順的知府大人也因母命難違，而對周老闆另眼相看。

在交際場合要讓人人滿意，最重要的一點是切實了解不同階層、不同年齡段的人，其價值取向與心思喜惡。即使你不能如上文中的周老闆那樣花功夫、下力氣，只要能圍繞著對方的需求辦事，你的期望也可能成真。

華人首富李嘉誠早年只是個小小的推銷員，他曾經為公司推銷過白鐵桶。當時，有一家剛落成的旅館正準備開張，這是推銷鐵桶的大好時機。李嘉誠的幾個同事領功心切，搶先找到旅館老闆，不料都碰了一鼻子灰，無功而退。原來老闆有意與另一家五金廠交易。知難而退的同事便推李嘉誠出馬，李嘉誠也覺得放走這條大魚實在可惜，就答應接下這個任務。

他並不急著見老闆，而是先與旅館的一個職員交朋友，然後假裝漫不經心套老闆的情況。那個職員談到老闆有一個兒子，整天纏著老闆要去看賽馬，老闆很疼愛他，但旅館開張在即，根本抽不出時間陪兒子。

職員是當做趣聞在說，可言者無意，聽者有心，他請這個職員幫忙牽線，自掏腰包帶老闆的兒子去看賽馬，令老闆的兒子喜出望外。李嘉誠的舉動使老闆十分感動，不知如何答謝才好，於是，同意從李嘉誠手中買下三百八十個白鐵桶。

從細微之處打動人心，可以是行動，也可以是語言。即使是飯局中的閒聊，有心人也一樣可以找到敞開對方心房的關鍵。

要想把話說到對方心裡，使對方對你產生好感，留下深刻印象，就要了解對方最關心的問題，從他的立場出發，打好感情牌。例如，知道對方的子女今年考試落榜，因而舉家不歡，你就應勸慰、開導對方，或者舉些自學成才的實例；如果對方子女決定明年再重考，而你又有自學的經驗，則可現身說法，談複習該注意的地方，還可以提供一些比較有價值的參考書。在這種場合中，最忌大談榜上有名的回憶。

一定要切記一切以對方為中心，用增加對方感情的談話口氣、態度和方式，那麼，你們的交往就能愉悅而順利的繼續下去。

6. 靠近主位

俗話說：「大樹底下好乘涼。」人生的旅途上有人扶持一把，將使你少走一些彎路，能更快速的邁向成功，但前提是找到你的貴人，並創造機會接近他。

倘若你沒有特殊背景，自身能力也一般，就只能看著老闆的臉色過日子，偶爾做做白日夢，盼望一朝得到貴人提攜，從此飛黃騰達。其實只要你建立好人脈關係，你會發現生活中從來不缺貴人，他們可能是你的朋友、同事，甚至是在一些社交場所中萍水相逢的人。

周芸畢業於一所大學的印刷系，畢業後簽約於一家公司。原本指望能成為辦公室中的一員，可是萬萬沒有想到，公司培育人才的方式規定，新來的大學生必須先到工廠工作一年後，才可以調到辦公室。

周芸從前輩那裡打聽到，車間工作比想像中還辛苦：轟鳴的機器聲、刺鼻的油墨味、早晚兩班十二小時連班制、週末還得經常加班。

男生在那裡都很難撐一年，更別說細皮嫩肉的女生了。周芸一聽頓時對未來失去信心，同時，也開始想辦法改變這種傳統。周芸思考了很久，想說一定得找個貴人幫忙。可是找誰呢？最終周芸決定找公司生產總監鄧總經理來做自己的貴人。

新人進入公司一個月後，董事長會請大家吃飯，慰勞剛結束培訓的大學生，同時鼓勵大家迎接即將開始的工作，公司各事業部的總經理也會出席晚宴。周芸看準機會，坐到自己未來老闆鄧總的旁邊。

兩個小時的飯局，周芸成功的讓生產總監記住自己的名字。第二天，就有人對她說，鄧總請她去辦公室一趟，她忐忑不安的去了。鄧總四十多歲，看起來非常和善，他問周芸一些在學校時的情況，以及她對公司的看法和對未來的想法。最後，他說：「小周啊，我看妳很機靈、有潛力，我這辦公室的祕書剛走，妳就接替他的職位吧。」

周芸簡直不敢相信自己的耳朵，鄧總繼續說：「好好幹，我相信妳可以！」

往往幾個重要人物，就能對前途和命運產生重大影響，有時甚至只要一個人。所以，我們不能將時間、精力和資源平均使用在每個人身上，必須區別對待，讓可能影響我們前途和命運的二〇%貴人另眼相看，記得在他們身上花費八〇%的時間、精力和資源。

西方社會流行一句話：「一個人能否成功，不在於你知道什麼，而在於你認識誰。」不要質疑這句話，在社會上打拚，實力、學歷都比不上「人力」來得管用，要想在同樣的競爭條件下比別人運氣更好，就一定要在「認識誰」上大做文章。

莫洛是一名法庭書記員，職位不高、薪水平平，但是有一天，他被摩根大通（JPMorgan Chase）銀行的董事看中，推上當總經理。之後，莫洛擔任美國摩根大通銀行股東兼總經理的時候，年薪高達三千萬元，後又擔任美國駐墨西哥大使，一時在美國聲名鵲起，一躍成為全美商業鉅子。莫洛的人生為何有如此大的轉變？

原來摩根大通銀行的董事之所以選擇莫洛，是因為他在企業界和政府官員中，具有良好的人脈，這些才是他的價值所在。

一個人認識的人越多、越重要，對自己的生活、事業就越有幫助。你一定要懂得人脈的重要性，在與人交往的過程中越主動積極，人際關係也就能越融洽、越能適應社會，業績也就越大。

所以，在面對那些強有力的人物時，不必先有畏懼之心，他們也是人，也需要別人的支援與合作。我們可以這樣想：面對任何一種人生的轉折，我都要試一次！成功了，生活會從此進入一個新的境界；不成，就當是一次磨練，反正我也沒有什麼損失。具體說來，你可以這樣做：

1. 加入一些組織機構。讓人們知道你是誰、你的專長以及優勢。積極主動參加各種會議，擴大自己的知名度。

2. 制定人際交往的目標。列一個名單，列舉五、六個你想接觸的人物，尋找機會向他們自我介紹。

3. 利用好每一次會議。在共同出席的會議或聚會上，選擇位置時一定要選擇與貴人盡可能接近的位置，以便讓他發現你，並且一有機會便可搭上關係。

4. 多了解貴人關注的事。儘快發現對方關心注意何事，找到適當的話題，抓住對方的注意力，增加他對自己的興趣，內容要力求簡潔、有獨創性，以便留下深刻的第一印象。

5. 加強自己的記憶力。如果說反覆介紹自己是種禮貌，那麼反覆詢問他人姓名就是失禮。為了不讓別人覺得你心不在焉，最好採用一些能強化記憶的方式。比如，在名片背後附上一個簡短的說明，註明來自哪個公司、職位、相識的時間與地點，最深的印象等。

7. 關照被冷落的人

酒宴上的交流是溝通情感和交換意見的重要方式。倘若在酒席中，主人對待朋友厚此薄彼，那不僅會得罪人，也會使被禮遇的人不自在，可謂得不償失。

有一次，男主人邀請上司以及同事來家裡吃飯。桌上的菜已經擺得很滿、很有誠意了，但菜還是不斷的送上來。

男主人站起來，撤掉上司面前吃得半空的菜盤，接過熱菜放在他面前，熱情的給他夾菜、添酒，但對其他同事只是敷衍的說聲「請」。面對這樣尊卑有別的款待，男主人的幾位同事覺得很難堪，其中兩位竟憤而起身，未等宴席結束就「有事」告辭了。

像這樣的宴席，男主人眼裡只有上司而怠慢他人，使同事的自尊心和面子受挫，非但不能增進主客間的友誼，反而會造成隔閡。

中國有句古語，叫做「一人向隅，舉座不歡」。當客人懷著開心的心情坐到你的宴席上時，就不是為了吃喝，而是想藉此互訴衷腸、互訴友情。只要主人能以平等的態度對待每位客人，那麼，宴席上也能皆大歡喜。

而如果「熱」此「冷」彼，「冷」者當然不高興，而「熱」者心中也不會好受，因為實際上那少數的「熱」者，會成為「冷」者的對立者，心裡自然會有些尷尬。據說，圓桌正是為了避免尊卑而發明，其中本身就隱含著平等二字。坐在象徵平等的圓桌旁進餐，卻偏要故意製造出各種不平等的舉動來，豈不可笑？

儘管人們的角色和地位不同，但都需要受到尊重。如果你忘記這一件事，對重要人物禮加三層，卻將一般人冷落一旁，就會刺傷後者的自尊和面子，失去一大批人。

戰國時期，齊國大夫夷射在王宮接受齊王的宴飲。夷射酒醉後從王宮出來。他提著酒壺倚靠在宮門邊休息。這時，一名斷足的看門人向夷射請求：「您能把剩下的酒分給我一些嗎？」夷射卻斥責他說：「去，你這受刑致殘之人，竟敢跟我這樣德高望重的人要酒喝。」看門人在夷射走後，就拿來一些水潑在走廊柱下，像有人在此處小便過。

第二天，齊王路過，發現廊柱下是溼的，於是怒斥看門人：「是誰在此處小便了？」看門人回答說：「大王，小人實在不知，雖是這樣，但是昨天我看見大夫夷射曾在這裡站立。」齊王便因此下令將夷射處死。

記住，千萬不要遺漏任何人，讓你的雙眼環視著周圍每一個人，留心他們的表情，和與你交談時的反應。在眾多聚會中，常有少數人被無情的冷落，假如受冷落的恰巧是來日對你事業前途至關重要的人物，那將是怎樣的後果？

「己所不欲，勿施於人」，作為宴席的主人，應該想想自己被人冷落的滋味。要想使別人覺得你的談話洋溢著飽滿的熱情，因而產生好感及感興趣，就不要讓人「冷」在那裡。其實，酒桌上的學問在某些方面決定了一個人的成敗，一定不要忽視自己聚會上的表現，不可厚此薄彼的怠慢任何朋友。

一旦你能夠讓別人心滿意足，那事也就好辦了。然而，聚會多，規矩自然也多。比如，如果**沒有特殊人物在場，敬酒最好按順時針順序進行**，不要跳躍，否則就厚此薄彼。

酒文化自古以來就是華人社會社交的利器，應酬交際難免要上酒場。只有在酒桌上交真朋友，酒桌下的事情才好辦，這已經成為聚會禮儀的潛規則。所以，千萬不能厚此薄彼，也不要把喝酒、應酬當成是一件壞事，因為在酒桌上，不僅可以幫助你結識新朋友、擴大交際圈，還可以鍛鍊你成為善於應酬的交際專家。

8. 太愛面子的，沒面子；怎麼做有裡子有面子？

當你有求於某人或者希望接近某人時，如果能邀他吃飯，就有個良好的開始。當然，越是「貴客」越不容易邀請，這就需要你下點功夫了。

遇到堅實的堡壘，「強攻」是最實際的法則。人的一生中有好多事要辦，只要你認為自己的方向沒有錯，對方只是一時的心理障礙而拒絕，那麼不妨拿出你的真誠，死纏爛打追下去，即便是塊石頭也能焐熱。

有位香港女作家與中國某男士結下良緣，她表示那位男士是歷任男朋友中條件最差的。事情要追溯至幾年前，女作家為了和上海某家出版社洽談出版事宜，她第一次赴上海。

女作家在一次晚宴上和該男士相遇，男士為女作家的人生體驗所深深著迷，晚宴後就問她：「我可以追求妳嗎？」她當時以為是一句玩笑話。不料，男士真的開始展開猛烈追求，每天早上帶好多朋友，一起在她下榻的飯店「站崗」。

女作家看到此舉，感覺如遇恐怖分子，不敢踏出飯店一步。而緊盯不放的男士，便不斷以電話騷擾女作家，並告訴她：「如果再不露面，我就要通知妳的所有朋友，告訴他們我要追妳。」被逼得無路可走的女作家，急中生智的說：「你請我喝咖啡，我們好好聊。」

她知道中國當時收入水平不高，索性一口氣喝了五、六杯咖啡，準備讓追求者「破產」。結果他也跟著叫了五、六杯咖啡，結帳時不但沒有阮囊羞澀，反而給服務生一筆數目不小的小費，讓對方的計謀沒有得逞。

最激烈的是，她在上海的最後一夜，那位男士竟鼓足勇氣在大庭廣眾之下，猛烈的親吻女作家。霎時花容失色的女作家久久不能語，隨後氣憤得幾乎落淚說：「你怎麼可以這樣！」當她離開上海，那男士更是一路窮追猛打，跟到西安、抵達臺北，越洋電話不知打了多少遍。

至此，女作家說：「只要我存在於地球上一天，似乎都無法逃出他的手掌心。」只好宣告投降，宣布結婚。

追求女朋友是這樣，辦事也是同樣的道理。很多時候你託人辦事，對方推託著不辦，並非不想給你辦，而是實際上有些困難，或心中有所存疑。這時，你必須拿出行動來表達自己的誠意。要辦成一件事不容易，特別是對一些頑固不化的對象。不論你怎麼跟他講道理，他都不當回事，這時你有耐心、態度誠懇，事情辦起來就容易了。

一名業務員到公司拜訪，祕書把他的名片交給董事長，董事長厭煩的把名片丟回去。祕書無奈的把名片退回給在門外尷尬的業務員。業務員再把名片遞給祕書，說：「沒關係，我下次再來拜訪，所以還是請董事長收下名片。」拗不過業務員的堅持，祕書硬著頭皮再進辦公室，這時董事長火大了，將名片撕成兩半，丟還給祕書。

祕書不知所措的愣在原地，董事長更氣了，從口袋裡拿出五十元說：「五十元買他一張名片，夠了吧！」豈知當祕書遞還名片與錢給業務員後，業務員很開心的高聲說：「請您跟董事長說，五十元可以買兩張我的名片，我還欠他一張。」隨即再掏出一張名片交給祕書。

突然，辦公室裡傳來一陣大笑，董事長走了出來說：「這樣的業務員不跟他談生意，我還找誰談？」

俗話說「伸手不打笑臉人」，在別人的誠意和笑臉面前，很少有人不被感動的。運用這種方法拉近關係，必須有堅韌的性格才行，內堅外韌，對一時的失敗絕不灰心，找機會再上門。不過，一味的執著也不是辦法，你不但要有誠意，還要講技巧。

一位公關人員負責陪同一位公司的女經理，在上海參觀，她的上司要她務必要設法款待女經理。結果，在遊覽城隍廟、經過兩家飯店時，這位公關小姐向女經理詢問兩次：「夫人，肚子餓嗎？」

女經理客氣的搖頭，兩次詢問都未成功。後來，出了城隍廟，經過「老飯店」時，公關小姐眼看女經理就要上車回飯店用餐，於是便換了說法：「夫人，早上出來怕妳等我，我來不及吃早餐，只吃了兩、三塊餅乾就來接妳了，現在我反倒餓了，能否請妳陪我吃點東西好嗎？」女經理聽後欣然點頭，兩人便步入「老飯店」。

這位公關就很有辦法，求你不行，請你陪我總該給個面子吧！我們平常辦事時也會遇到這種場合，好不容易辦一桌子的好料，可惜請的人不到。俗話說，「請客不到，兩頭害臊」，既丟面子又丟錢。如果像這位公關人員一樣，從另一個角度發出邀請，比較不會有死不給面子的人，若真有的話，也可以肯定你在他那裡恐怕也辦不成什麼事情了。

第八章——沒有靠山，怎麼進入更上層圈子？

1. 九九％的人前途毀在「拘謹」

永遠不要說「我一無所長」、「我一無所有」之類的話，你的專業、技能、性格，乃至於透過你這個人可以聯繫起來的關係，都是獨一無二的資源。你所要做的，就是開發出這些資源的最大價值，在聚會中與人互利。

無論做任何事情，謙虛與謹慎最重要，人際交往更不能例外。先三思而後行，不該說的話堅決不說，不該辨的事堅決不辨，言談舉止恰到好處，使人感到有理、有禮、有節，肯定會有利於你的人際關係。

但是，有不少人過分謹慎，從而走向另一個極端——拘謹，做工作時謹小慎微、說話唯唯諾諾；下班後的聚會，在他人面前也表現靦腆、不自然；手足無措而不敢入座；不敢大聲說話或說話含糊不清，有時甚至答非所問。因此，經常孤身一人，被遺忘在角落，甚至讓人覺得拒他人於千里之外。

李平就是一個過分謹慎，樹葉落下來也怕砸到腦袋的人。他平時不愛說話，只知道踏踏實實的工作，一年內在研究所做出兩項研究成果。為此，研究所所長非常欣賞他，有意提拔他為副所長。

為了了解李平的真實想法，所長特地約他在公司樓下餐廳的小包廂裡面談。當所長提起要提拔李平的事時，李平聽了臉脹得通紅，端杯子的手都有些不穩了，他小聲說：「我不行，我真的不行，您別為難我了。」這樣經過三次後，所長就再也不找李平談了，而是提拔另一位能力不如李平的研究員。其實，李平並非不想當副所長，但由於他過分拘謹，所以機會與他錯開。

作為一個部屬，在上司面前說話是應該謹慎些，但若是見到上司就噤若寒蟬，一舉一動都不自然，或者是平時聚會也盡量與上司保持一定的距離，認為話不投機，如果硬要熟絡似乎太故意了。這樣下去，大家的隔閡肯定會越來越深，因為上司永遠不了解你，有較好的空缺也不會想起你來；另外則是你給上司的唯一印象，就是怕事和不主動，這肯定是你出人頭地的一大障礙。所以，在上司面前不要過分拘謹。

當主管賞識你的才幹，想提拔你的時候，如果你一再說「我不行、我不行」，他們就會認為你真的不行，或是怕擔責任，抑或是你不給他面子，不管是哪種看法都對你不利。

在這個現實世界裡，縱使有好的才能，如果沒有人知道，這不僅是在欺騙自己也是在欺騙別人，更是在詆毀自己的功績。所以，過度謙虛並不可取，拿捏得宜才能獲得成功。

職場顧問建議，在職場中，很多人出於對老闆的生疏和恐懼，見老闆時一舉一動都不自然。即使是必要的工作彙報，也寧願採用書面報告，以免被老闆當面責問。時間久了，雙方的隔閡也就越來越深。

想要得到上司的賞識，成為他的心腹，平時就需要多與上司交往，接觸他時要舉止自然。除了上司之外，和其他位高權重或者實力超強的人接觸時，也是同樣的道理。是的，他們手中的資源比你多得多，但這並不表示他們就不需要支援、不需要朋友，平等自然的交流才是他們所欣賞的。面對大人物，你需要從下面幾點做起：

1. 不要自卑。

即使結交的是世界首富，也不要有「他在天、你在地」的自卑心理。人人生而平等，除了天生的不平等之外，其餘都是平等的。若是太過自卑，反而會令人感到不自在，使對方產生戒心。

2. 不要過於諂媚。

大人物的四周圍繞著太多阿諛諂媚的人，而這些人整天只會喋喋不休的讚美他聰明、美麗、有才幹等不著邊際的事，為的是能多撈一些好處。大人物對此早就習以為常，反倒是不阿諛諂媚的人才容易讓他們更有新鮮感。

3. 實事求是的說話。

現今是快節奏、高效率的時代，需要的是乾脆俐落、敢衝敢做的作風。時間那麼寶貴，人們忍受不了那種吞吞吐吐的「謙遜」方式，不願聽那種拐彎抹角式的自謙之詞。你行，就來做；不行，就讓給別人。故作姿態的謙虛，完全沒有必要。

4. 要用大腦分析。

和大人物交流，最忌冗長抓不著重點，而要簡單明瞭、條理分明，使人一目瞭然。向他講述一件事情的成敗時，不妨先告訴他結果，如果他願意了解詳細過程，自然會向你詢問。

在現代社會裡，精明的企業家尋找合作夥伴，聰明的領導者挑選部屬，並不是先看你怎樣言辭周到、謙恭有禮，而是先看你有多少真才實學。你應當實事求是的宣傳自己：我有什麼長處、有哪些才能、想做什麼、能做什麼等，使別人了解你。這樣，反而容易使你得到機會。

2. 貴人絕不傲慢，都喜歡給有前途的人機會

有些人即使明白，結交成功人士也代表著進入成功圈，但在機會出現前，依然畏縮不前、無法表現自己，為什麼？因為他們多半以為成功者是冷漠和傲慢的，讓人難以接近，其實這只是一種錯覺。

成功者因為成功而高高在上，他們也十分感恩，這使得他們在人際關係上比較溫和。而那些走向成功或已經成功的人，他們不僅有運氣、肯努力，對一般事物拿得起、放得下，只要對大局有利，他們也會主動的讓些利益給別人。

由於他們有資金、有見識，合作時能幫得上忙也會樂於幫忙，而且由於他們的能力相對較大，所以出一點力就能派上大用場。如果他們覺得你比較重要，確實大有可為，就會更熱心投入和幫忙。因此，有人願意幫忙時，那些正在路上打拚的人，就不要太清高孤傲了。

幾年前，李莉到深圳求職，根據她的經驗和能力，負責一個部門絕對沒有問題。李莉的朋友對通訊業比較熟悉，人緣也不錯。他可以幫李莉安排一個飯局，約一家電信公司的張總工程師面談，讓李莉先從張總工程師那裡了解一下產業，求職的事就會順利許多。但李莉認為自己有能力，又有工作經驗，無須他人引薦，憑藉自身能力就能找到工作。

李莉先寄履歷給幾家公司，卻石沉大海，毫無消息。接著，李莉又去找人力銀行和就業服務處，也參加過幾次面試，但結果往往是「高不成低不就」。

時間一晃，一個月過去了，李莉也急了。最後，她決定再去找朋友，請他幫忙。朋友很爽快，很快就幫她約好了。

那天張總工程師興致很高，連喝了幾杯紅酒，趁大家閒聊時，他問了李莉幾個專業問題，李莉的回答讓他很滿意。酒宴結束後，張總工程師要李莉重新準備一份履歷，投到自己任職的公司去。不久，李莉就接到了面試通知。

現在，李莉已成為該公司的資深主管，上司正準備提升她為副總經理。張總工程師現在也已經成為總經理，張總多次對李莉的朋友說：「真該好好感謝你啊，要不我上哪裡去找這麼得力的助手啊？」

想要求得「貴人相助」，改變自己是適應社會的一種方法。當不能改變生活的境遇時，我們要學習改變自己。與其抱怨社會環境不好，不如換個心態，每一次的危機就是轉機，每一次變化就意味著機會。

唐代詩人王維，他在年輕時就很有名氣，也因此十分高傲。當時，科舉考試盛行舞弊作假之風，如果應試之人沒有權貴推薦是很難高中的。因此，讀書人紛紛找權貴做靠山，千方百計討他們的歡心。王維是個有骨氣的人，他認為這樣做有失讀書人的身分，他還當面對人說：「考試要靠真本事，讀書人不能走旁門左道。國家選用人才是大事，如果就這樣形同兒戲，對國家是大不利的。」

王維堅持苦學，沒有請託他人，結果第一次考試就落第了。相反，那些有關係的雖不如王維學問好，卻都高中了。

這件事對王維打擊很大，他變得沉默寡言。這時，王維的朋友對他說：「科舉的風氣不正，這是不爭的事實，你能改變得了嗎？你要想高中，就該知道你不中的原因，從而對症下藥。你的學識不差，關鍵在於沒有結交權貴，補上這一點中個狀元也不是件難事。」

王維承認他說的沒錯，便放下自尊出入權貴之家。他不僅詩寫得好，音樂才華也十分出眾，特別是他的彈琵琶絕技，可說無人能比。

岐王對王維十分賞識，就將他介紹給極有權勢的公主。在拜見公主之前，有人提醒王維說：「公主愛好音樂，只要你讓她高興了，天大的事都能辦到。你一定要賣力些，千萬不要搞砸了。」

王維記在心上，之後拜見公主時，他使出所有的本事，把琵琶彈得動人心魄，格外好聽。公主聽完十分高興，連連叫好。王維趁機獻上自己的詩作，還恭維說：「公主的才能，天下無人不知，有幸得到公主的教導，現在即使死了也沒有遺憾。」

公主更加高興了。岐王在旁也替王維美言，求公主幫助王維科舉高中。後來，有了公主的關照，王維高中狀元，實現多年的夢想。

其實，有很多事情不是我們本身能夠改變的，但是我們可以學著改變自己，慢慢的去適應。改變自己不是要你放棄原則，而是讓自己有更多平臺、更多機會來實現理想。它不是妥協，是一種以退為進的明智選擇。就好比要到達一個目標，多數情況下直接走是行不通的，得繞個彎子走才行。

現實中，很多混得不好的人總有這樣的抱怨：「機遇太差了」、「沒有伯樂，你再能幹又有什麼用」，然而，事實的確如此嗎？不，如果你不主動尋找伯樂，伯樂的眼光憑什麼要放在你身上？提攜後輩、給有才華的人一個機會，本就是那些貴人與後輩的良性互動，也是貴人顯示眼光、充實力量的契機。所以，總覺得自己懷才不遇的人，還是從自身找出原因吧。

3. 義助？關照？等價的交往才最長久

聚會就是生產力，因為它提供溝通交往的最佳平臺。但若有人僅憑飯局上的一面之緣，就想不斷的求人關照，那麼他很快就會被淘汰出局。

人情就是財富。我們經營人情，應該像經營金錢一樣，既要多多益善又要取捨明白。送人情就像在銀行裡存錢，存的越多越久，利息便越多；使用人情就像在銀行裡取錢，用的越多越快，透支也就越厲害。因此，在收支平衡的動態過程中，只有使自己的「人情帳戶」不斷增長，才能在辦事時得心應手，如魚得水。

人只要互相接觸就會涉及到情分，也就是人情。有些人喜歡用人情來辦事，但人情有限，如果要求的多很快就會用光了。所以，一個人盡量少動用人情的次數，以免提早取光。

當醫生的王女士在兩年前，曾因孩子轉學一事求過教育部的同學，事後她請同學吃飯，席間王女士表示：有事儘管來找我。

這下可好，在接下來的兩年內，那位同學便多次帶著親友來醫院找王女士幫忙，有些事根本不可能辦到，像全身檢查能否半價、貴的病房能否算便宜一點等，著實給王女士出了不少難題。還完人情後的王女士，就想辦法漸漸疏遠這位同學，後來索性不再往來了。

如果你動不動就找朋友幫忙，就會漸漸的成為不受歡迎的人。即使你們是很好的朋友，也不可事事都向朋友求助，把朋友資源都零零星星的用光了。做人做到這樣已經有些失敗，它會破壞你們好不容易建立起來的友誼。當然也會有主動幫你的人，但別認為這是從天上掉下來的禮物。你若沒有適度的回報，這也是一種「透支」。

人情一旦透支，你們之間的感情就會轉淡，甚至對你避之唯恐不及，也就斷了可能進一步發展的情分，因此要盡量把人情用在刀刃上，先弄清雙方交情究竟有多少、人情究竟有多重，再來評估事情的分量，看找對方幫忙是否適宜，千萬不要沒個輕重緩急。

事實上，那些不懂得關係和友誼價值的人，即便他們擁有龐大的社交圈，也無法獲得真正的友誼，因為他們沒有為友情付出過任何代價，同樣也就無法有所收穫。只有那些夜以繼日、努力工作、想盡辦法達到目的的人，才能夠建立起真正的人脈。

前華人首富林紹良到印尼經商，當時的印尼與中國一樣，烽火連天，經濟不景氣，要賺錢談何容易。二戰結束，日本投降後，印尼宣告獨立，但荷蘭軍隊又捲土重來，導致印尼重新處於戰火紛飛之中。

林紹良憑藉多年累積下來的行商經驗和廣泛的社會關係，為印尼游擊隊不斷的輸送武器、彈藥和醫藥用品等物資，表現很突出。也在支援時，認識許多印尼軍官，其中一個就是後來擔任總統的蘇哈托。當時蘇哈托是中校團長，每當蘇哈托的部隊陷入經濟窘境之時，林紹良都義不容辭的給予支持。蘇哈托十分感激，也為了林紹良突破重重包圍，把丁香運到新加坡販賣，兩人結下深厚情誼。

一九四九年，印尼趕走荷蘭軍隊並且獨立。但戰後的印尼百業凋敝，經濟極度困難。不過，這正是有抱負者施展才幹的好時機。林紹良不滿於僅販售丁香維生，便將活動範圍遷到首都雅加達，同時利用與總統蘇哈托的關係，使事業飛速發展。

對於至關重要的朋友關係要留到關鍵時再用，不要虛擲他們的善意，將關係浪費在一些無關緊要的事上。火藥要保持乾燥，以備你真正陷入危險之時使用。如果你以大易小，日後就沒有什麼可以剩下來。為了維護你的人脈，取得人情往來的平衡，你需要這樣做：

1. 了解你人脈圈中各個成員的特點，根據他們的不同特點，請他們幫助你解決不同的問題。
2. 隨時準備回報別人的人情，最好是在別人要求之前就先想到，並做到。
3. 要累積別人欠你的人情，而且收集這些人情時要小心選擇。
4. 始終敞開你的關係網絡。當一個人走出你的圈子之後，也不表示不會再回來，你要做的只是敞開你的大門。

4. 你得成為「分奶油」的人

我們不得不承認，飯局也有門檻。比如，口袋裡有一塊錢的人，會和一塊錢的人吃飯；口袋裡有一萬元的人，會和同樣有一萬元的人吃飯；口袋裡有一億元的人，就只和也有一億元的人坐在同一張餐桌上。

經營人脈、交朋友就要往「上」交，這點毫無疑問，問題是對於那些在「上」的人，你就是「下」，又該如何吸引他們的注意力？也許你會說沒資金根本無法吸引別人，其實，資本全靠自己開發，**如果有一種東西只有你能支配，這就是你的資本**。

美國前議員比爾・布拉德利（Bill Bradley）進入參議院時，他頭上有兩個光環，不但是普林斯頓大學（Princeton University）最優秀的學生，還曾經是美國職業籃球聯賽（NBA）

的著名球星。有一次，他被邀請去一個大型宴會發表演講。

這位自信的議員坐在貴賓席上，等著發表演講。這個時候一個侍者走過來，將一塊奶油放在他的盤子裡，布拉德利立刻攔住他說：「打擾一下，能給我兩塊奶油嗎？」

「對不起，」侍者回答道：「一個人只有一塊奶油。」

「我想你一定不知道我是誰吧？」布拉德利高傲的說道：「我是羅德獎學金獲得者、職業籃球聯賽球員、世界冠軍、美國議員比爾．布拉德利。」

聽了這句話，侍者回答道：「那麼，或許您也不知道我是誰吧？」

「這個嘛，說實在的，我還真不知道。」布拉德利回答道：「您是誰呢？」

「我嘛，」侍者不慌不忙的說：「我就是主管分奶油的人。」

仔細回想一下，你手中是否也有一些「奶油」是由你支配的？如果你的優勢正是對方的劣勢，那麼不管他頭上的光環多麼耀眼，也需要屈尊降貴的和你對話。最重要的是強化你的優勢，然後讓你的優勢發揚光大。

一九九一年，後來的北京萬通集團董事局主席馮侖，和王功權（現為風險投資家）等人南下海南。他們在工商局註冊了一家公司，註冊資金為五千萬元，實際上幾個合夥人只湊了不到十五萬元。

十五萬元要做房地產，即使是在當時的海南也是天方夜譚。儘管沒錢，馮侖也要將自己和公司上下都打理乾淨，讓人一眼看上去就是很有實力的樣子。

為了籌錢，馮侖找到一家信託公司的老闆，先講一下自己的耀眼經歷，讓對方不敢輕視。然後，再跟對方講眼前的商機，說手頭上有一門好生意，穩賺不賠，說得對方怦然心動，慷慨的拿出兩千五百萬元合夥。

馮侖拿著這筆錢又貸出一些錢。他們用這些錢買了八棟別墅，簡單包裝一轉手就賺了一千五百萬元。這就是馮侖在海南淘到的第一桶金。

一九九〇年代初期，海南的淘金者不計其數，這位信託公司的老闆怎麼就輕易相信馮侖呢？他那五千萬元的註冊資金是假的，經歷卻是真的，也就有人願意和他合夥做生意。

建立人脈一定要相信自己的力量。你不可能在哪個方面都沒有優勢，最需要的是從自己身上找到可以利用的突破點。以下是最受成功者青睞的特點：

1. 雖然並不是同一階層，但是能夠提供互補性資源的人。因為資源互補，互通有無，那些公務員、有專業知識的專家、有技能的人士往往可能成為成功者的朋友。

2. 雖然並不是同一個階層，但能夠提供成功者所關心的議題者。比如孩子教育議題、管理議題、避稅問題，提出有見地、有價值、有新奇點、能引起共鳴的見解與解決意見。成功階層一旦認同他們的觀點，甚至會主動接近這些意見提供者。

3. 已經在圈子中存在的人。

當一個人剛進入到一個圈子時，會尊敬原來已經在圈子裡的人。所以，為了換取圈子的入場證，有些人會提供一些服務與資源，好與後進來的人交流。很多經理人願意上高階工商管理碩士（EMBA）班，也是這個道理。

實際上，由於成功者在某些方面表現比一般人更為突出，所以才取得成功，這也就意味著，他們在其他方面可能與普通人一樣無知（甚至更無知）。因此，也更需要專業的意見。

因專業意見而成為成功人士的合作夥伴，維繫其中關係的，並非簡單的依順和交易。這必須在提出異議時，能贏得某些人的尊敬，還要了解合作對象的人格特點，並提出適當的溝通方式，可以淡化雙方間的階層意識。

成功者身上散發著光芒，不僅是因為他們的名氣，更多的是其歷經的努力、常人看不到的艱辛，以及渴望成功的堅定信念。所以，如果你也有這樣的決心和勇氣，那就想辦法與一些比自己更有成就、更睿智的人共度時光。

而且，你要確信自己也能夠成為當之無愧的明星，只要你擁有這種超乎常人的自信，那麼名片盒裡就不會因為沒有名人，而寂寞難耐了。

5. 感恩是多數人忘了的基本禮貌

人與人之間的關係，應該是良性互動。領導者不該只限於工作上的領導，敦促部屬進步乃至關心他們的生活，也都是職責之一。作為部屬，感恩圖報，急領導之所急，也是正常的回饋。

很多人雖然得到上司、同事幫助而成功，但鮮少對上司和同事表達感謝。這是因為他們把別人的辛苦、幫助和付出視為理所當然，認為沒有必要表示感謝或肯定。

有位剛畢業的學生叫王新軍，由於工作賣力取得了一些成績。工作半年後，他所在的部門一分為二，需要找一個中層幹部，主管想培育年輕人，雖然王新軍工作經驗有些欠缺，但還是提攜了他。按道理說他應該會感激受到提拔，可是王新軍的表現卻讓主管很不滿意。

在一次部門內部聚會上，輪到王新軍敬酒時，他和工程師劉工一面乾杯、一面表示自己的欽佩之情，對每一位都表達了自己的想法，轉到主管時反而輕描淡寫的過去，這讓主管臉上無光。

此後，又發生兩件事，一是因業務上的事情與上司發生利益衝突，他的態度十分不佳；二是與王新軍的主管對立的一部分人，到總公司告他的上司，而王新軍卻和他們站在同一陣線。主管從這些事情中，深感此人「狼子野心」，再也不栽培他。在旁觀者眼裡也感覺王新軍無情無義，不知天高地厚。十年過去，王新軍在這個公司，再也沒有得到任何提拔。

感恩已經成為基本禮貌，然而，人可以為陌生人的點滴幫助而感激不已，卻視朝夕相處的上司、同事的種種恩惠為理所當然。現今視工作為純粹的商業交換關係，也是老闆和員工關係緊張的原因之一。

的確，僱用和受僱用是契約關係，但背後難道就沒有一點人情和感恩的成分嗎？雖然老闆和員工是種契約關係，但是上司和員工之間並非是對立的，最起碼是合作關係；從情感的角度來看，還有一份親情和友誼。

職業經理人唐駿在微軟十年，拿過兩次比爾．蓋茲（Bill Gates）總裁傑出獎，這在微軟歷史上至今為止都是特例。但到了二〇〇四年，由於內部的人事調整，唐駿選擇離開微軟，轉投中國本土企業上海盛大出任總裁。比爾．蓋茲親自寫了一封信，感謝他的所有貢獻，希望他有天會重新回到微軟。

上任當天，微軟全球副總裁陳永正和盛大董事長陳天橋雙雙出面，舉辦了一場隆重的「跳槽儀式」。同時，微軟董事會還須發給他「微軟中國終身榮譽總裁」的頭銜。直到今天，唐駿的名片上還印著這一個頭銜。這樣的待遇，在中國經理人中可說絕無僅有，在微軟全球也是史無前例。在不同的場合，唐駿也多次表達對微軟的感謝。

在「與成功者對話」的論壇上，一位聽眾請教臺上的講者：「您覺得一個人成功的祕訣在什麼地方？」企業家沒有講一番大道理，而是告訴在座的各位：「保持一顆感恩的心。只要你對人、對事、對物都保持一顆感恩的心，你一定會成功！」這段話贏得陣陣掌聲。

如果你能回饋別人對你的幫助，那麼彼此的關係就會因而發生變化，距離也會縮短，感情也就有了呼應和共鳴。對方在歡悅之餘會給予更多的關照、更好的回報，這樣交往氣氛就會更加友好和諧。

雖然提到「回饋」這個詞，通常會給人很現實的印象，可是，這種互惠互利的回饋並不只是功利的表現，有時適量的物質回報，能培養良好的人際關係。

比如，某人曾多次無私的幫助過你，當他某天生病住院的時候，你拎上禮物去探望，對他來說無疑是莫大的慰藉。還有，感恩的話如果在工作場合不好說，那麼在飯局或者其他聚會中也應當表示一下，這不但讓曾經提攜你的人心中舒暢，對於其他在座者，也強化你知輕重、有情義的印象。

你的衷心感謝也會換來真心相報，日後，對方還會樂意幫助你。感恩會使你的境遇越來越好。一個不懂得感恩的人永遠都得不到重用，也永遠都不會成功。

6. 要掌握八卦，但讓祕密止於自己

不可否認，普通人與成功人士坐在同張餐桌上的機會不多。於是，就有人以此為榮，散席後把聚會裡發生的所有事情，都說給身邊的人聽，從知名人士講了什麼話、穿了什麼衣服乃至他的性格等都是話題。彷彿知道的祕密越多，就代表著越接近團體核心，身分也跟著高起來。

然而，這卻是進入上層圈子的大忌。比起普通人，成功者更看重自己的隱私，保持自己的權威，能夠接近他們的人，也都是嘴巴嚴、懂分寸的人。

小說《駐京辦主任》裡，東州常務副市長賈朝軒一有空，就到駐京辦找丁能通下圍棋，儘管丁能通擔任過市長祕書，但由於常務副市長主管駐京辦，所以賈朝軒找他還是不敢怠慢。

丁能通因為五年的祕書生涯，以及幾年駐京辦主任的歷練，練就一種特殊的本領，既能掌握許多祕密消息，又能讓祕密止於自己，這點讓所有的長官都很賞識。

丁能通接待過許多高官以及他們的家屬，也經常休假陪同其他官員辦事，知道別人無法知道的資訊，甚至是隱私，但是丁能通都守口如瓶，從來不利用這些資訊為自己謀取福利，因此，丁能通獲得更多接近高階領導人的機會。

你在建立人脈的過程中，一定會對某些人或某些事產生好奇，但是千萬別因為這種好奇心，影響到任何一個人，不然的話，你可能就親手將原本的人脈弄得亂七八糟。這個原則即使在普通的人際交往中也同樣適用。

許小茹對任何事情都充滿好奇心。她有一個癖好，就是喜歡從各方面了解自己關心的人、事，無論好壞都照單全收，許小茹覺得多去了解別人，便能夠在適當的時候伸出援手，給予朋友幫助，但是她忽略了有些時候，朋友並非所有事情都願意分享。

這天正巧是水水的結婚紀念日，許小茹負責聯絡所有的朋友，為了慶祝這個開心的日子，她自作主張的找了很多朋友，大家也定好聚餐的時間和地點。這時候，有一個陌生的電話打了過來。

打電話的人是這樣解釋的：「我是水水的朋友，妳可能不認識我，但是我聽水水提過妳。今天是水水的結婚紀念日，不知道我能否參加呢？我和水水也有段時間沒見了。剛才我打她的手機沒有打通，所以就冒昧的打電話給妳了。」

「當然可以了，完全歡迎，你今天晚上八點直接到××大酒店就可以了。」許小茹欣然答應。去飯店的路上，許小茹一直對這個陌生來電感到好奇，她總覺得這個男士應該不會只是普通朋友那麼簡單。許小茹來到飯店，便開始用眼睛掃視全場，很快就找到打電話給她的那個男士。

於是，她坐到那位男士身邊開始問東問西，急於想知道他與水水的關係、什麼時候認識的、為什麼水水沒有提過而他卻知道自己的電話號碼。

這頓飯水水吃得很勉強，那位男士是她的初戀男友，但是她又不能在老公的面前表現出什麼，她真想衝到許小茹面前叫她閉嘴。許小茹嘻嘻哈哈的與那位男士聊了一個多小時，但是她不知道已經失去十分要好的朋友了。

要保持正常平穩的生活節奏，就千萬不可以陷進各種是非當中，與朋友保持親密關係，但是不要任意侵犯他們的私人空間，千萬不能因為自己八卦而給他人製造麻煩。

如果想讓人放心與你交往，首先就是不主動探求對方的隱私。另外，也要尊重自己的隱私，不要隨便在別人面前提起，因為這種舉動有點逼迫他人也要一起分享的感覺，這並不合適。

如果你不知道自己要講的話題，是不是會觸及到對方的隱私，自己對這個話題又非常感興趣，那就可以巧妙的試探一下；如果屬於對方的隱私，那麼就此打住；如果不是，話題就可以開始了。

為了不主動招惹是非，我們要注意自己的態度。不可以熱心過度，想幫對方打理一切，這會使對方有種被壓迫感，因為每個人都有自己的想法，也不想受到他人左右。即使是朋友，大家相互之間也該留有一定的距離。

第九章 ——這樣做，你就「無敵」了

1. 上司總有「外交說法」來考驗你的智力

聚會社交可以看出你結識什麼人、打通什麼關係，同時，透過恰到好處的表現，又能化解哪些矛盾、穩住哪些可能不利於你的事情，這也是聚會的另一層重要意義。越是在大規模、高規格的飯局上，就越可能經常聽到那種看似平淡，實則大有深意的「外交說法」，這時候就需要讓腦子高速運轉，理解對方的弦外之音，然後決定恰到好處的回應。

在現實生活中，人們往往也會透過一些隱晦的話語，來傳達自己的心事。與人相處，必須首先了解其行為背後的思想。

小馬剛調入電信公司時，作為同校學長的科長特別舉辦歡迎會。在公司同事熱鬧的互相勸酒時，科長對小馬說：「你才剛來，恐怕對各種情況都還很生疏，不妨先走走看看，等你把各處的具體情況都摸熟悉之後，再開始工作。」

學長似乎十分通情達理，小馬也信以為真。他在公司裡悠閒的晃了三個月，什麼具體工作都沒做。沒料到，有一天科長突然把小馬叫去，十分不悅的說：「我是欣賞你的工作能力，才推薦你來公司的，可是許多員工都反應，你整天閒逛、懶懶散散，大家因此都滿腹意見，你可要注意一下、有點作為呀！」

小馬聽了以後，啞口無言。但他在心裡卻暗想：「不是你叫我走走看看，熟悉情況的嗎？我現在完全按你的吩咐去做，你反而責怪我了。」這件事究竟是誰的過錯呢？

我們只要稍加分析就能發現，這應完全歸咎於小馬的天真和疏忽。小馬是被科長看中而特地錄用的。起初，科長的囑咐純屬客套，其背後的意思是：新進人員在不熟悉情況時貿然行事，容易遭到老員工的抵制，所以謹慎小心為妙。但是，小馬居然不知道科長的用意，天真的照辦那些客套話。此時，他若不受科長的責備，才是怪事呢！

上司為了考察或者尊重部屬，有時候不會將意圖說得那麼明顯，這時候就需要我們多點心思，仔細去領會其中的涵義，從而判斷，才有可能同上司達成某種默契。

主管要助理李眉將整年的工作寫成成果報告，並且囑咐說「越詳細越好」。李眉光調查情況就花了幾個星期的時間，把一年的工作事鉅細靡遺的寫下來。上司看了洋洋灑灑萬字之多的報告，搖頭表示不滿。

原來上司的意思是，希望總結得詳細一些，是指產品品質及生產方面，而李眉卻在事務上寫得很詳細，連上司出差幾次、公司請客吃飯幾次都寫得清清楚楚。上司無可奈何的看著這份報告，最後只好自己動手重新寫一遍。

李眉實際上並沒有理解上司的意圖，而是如同機械般行事。讀懂上司的訊息需要長期練習，那麼到底該如何做，才能和上司「心有靈犀」？如果你是職場新鮮人，首先要做的就是**理解上司的工作方法**、**特點以及所實行的方針**、**措施**，才能與之密切配合。

每位上司的工作方法、風格也不同，有的喜歡口頭彙報；有的偏重書面資料；有的辦事乾脆俐落、雷厲風行；有的喜歡穩紮穩打、比較慎重。因此，部下應該掌握上司的特徵，與之配合、適應，並學會**站在主管的立場上去考慮問題**，只有換位思考、和主管站在同一個角度觀察問題，才能理解他的意圖，從而創造一個輕鬆快樂的工作環境。

2. 越是敵人越要一起吃飯。為什麼？

如果說聚會可以加強聯繫，增進朋友之間的感情，相信大多數人都沒有異議；如果越是「敵人」越要與他吃飯，可能有些人就不理解了，真的有必要收起敵視，換上笑臉，和路人甚至敵人坐在同張餐桌上？普通人也許不喜歡這樣做，只有智者才明白其中的奧妙。

西晉時期的杜預，文有文才、武有武略，上知天文、下知地理，在當時知識領域和社會生活各方面都有傑出的貢獻。結束漢末三國近百年分裂局面的伐吳之戰，便是在他的建議和指揮之下進行的，他所撰寫的《春秋左氏經傳集解》，亦是中國早期研究《左傳》的最重要著作。由於他精通多方面的學問，好像武器庫一樣，當時的人稱他為「杜武庫」，讚他無所不知、無所不能，連晉武帝司馬炎對他也格外器重。

這樣的傑出人才擔任荊州刺史時，卻經常饋贈各種禮品給京師洛陽的一些權貴，還常找機會與他們一起飲宴，席間談笑風生，彷彿多年好友。有人不解，覺得他無求於這些人，為什麼還要這樣，他回答：「我自然沒什麼有求於他們的，我只怕他們會加害於我。」

由於杜預了解封建官場的百態，預防在前，那些權貴倒也沒有誣陷過他，他才得以平安度過一生。維護關係是為了借力，也是為了避禍，後者甚至比前者更為要緊。

胡鈞不到三十歲就已經是部門經理，而且很有前途。每當各部門經理開會的時候，一屋子全是中老年人，年輕的胡鈞更加顯得有朝氣。

老闆十分欣賞他，十分重視他的意見和建議。可是他對老闆倒不那麼殷勤，反而對老闆的得力助手——分管人事的副總卻出乎意料的親近。逢年過節必登門拜訪，且總要送一些家鄉特產。在公司活動中，他也堅決站在副總旁，該斟茶就斟茶、能擋酒就擋酒。

大家覺得很奇怪，老闆明明是難得有魄力、知人善任的人，而那副總是個本事不大、心眼不少的人，為什麼不斷的討好他呢？只有當著女朋友的面，他才道出了原委：「老闆是個正人君子，不用顧及關係，只要你好好做，他對你就滿意了。那副總則不然，這種人雖然沒多少本事，但心眼都用在為人處事上，他不一定能給你什麼好處，但如果在背後給你搞破壞，也吃不消呀。我之所以和他那麼好，就是希望他不要在背後動手腳，那就謝天謝地了。」當然，分管人事的副總對胡鈞也很好，他經常向胡鈞分享一些小道消息，兩人處得還真不錯。

許多不善於處理人際關係的人，總是喜歡和自己交情好的人在一起，春風滿面，既舒服又自然；一旦遇到和自己立場相對、觀念相背的人立刻就會換上冷淡的臉。其實這並不利於人際交往，不但會影響長遠關係，遇到緊急事情時也拿不出適合的解決方法。

有時候，越是站在敵對立場時，就越應當熱情親切，人際關係大師卡內基以自己的親身經歷，來告訴我們這個道理：

我住的房子租金太高，要求房東降低一點，但遭到拒絕。我知道房東是個極為固執的人，就寫了一封信說，等房子合約期滿後就不續住了，但實際上我並不想搬家，假如房租能減低一點我就繼續租下去。但減租恐怕很困難，別的住戶也曾經交涉過都沒成功。

結果，房東接到我的信後，便帶著契約來找我，我在家親切招待他。一開始我並沒有說房租太貴，反而先說如何喜歡他的房子，請相信我，我確實是「真誠的讚美」。對於他管理這些房產的本領，我表示深感佩服，還說真想再續住一年，只可惜負擔不起房租。

他好像從來沒聽過房客這樣說話，他簡直不知道該怎樣回答。隨後，他對我講了他的難處，以前有位房客寫過一封信，有些話簡直是在侮辱他，還有一位房客恐嚇他說，假如他不能阻止樓上的房客半夜打鼾，就要把契約撕碎。他對我說：「有一位像你這樣的房客，我心裡是多麼舒服。」我還來不及開口，他就替我減掉一點房租。我想再減多一點，於是說出能負擔的數字來，他二話不說就答應了。

臨走前，房東又轉身問我房子有沒有需要裝修的地方，假如我也用其他房客的方法要求他減租，肯定也會像別人一樣失敗。我之所以勝利，全靠這種友好、同情、讚賞的方法。

一位身經百戰的將軍曾說過：「如果你是握著拳頭來解決問題的，那麼來吧，看我們誰的拳頭更硬；如果你是端著酒杯來解決問題的，那麼，讓我們坐下來，尋求一個對雙方都有利的方案。」**交際的最高境界，不僅是結交海量的朋友，也是化解正在醞釀中的敵意。**

3. 就算是對手，也要拉他進入你的利益圈

聰明人從不會把話說死、說絕，說得自己毫無退路可走。即使有人得罪了你，也不要口出惡言，更不要說出「勢不兩立」之類的話。沒有永遠的朋友，也沒有永遠的敵人，將來誰能用到誰，都不一定。

曹操為了爭奪天下，蓄謀除掉劉備，舉兵二十萬，分五路下徐州攻打劉備。劉備因寡不敵眾大敗，單槍匹馬投奔青州袁紹。當時關羽護衛著劉備的兩個夫人死守下邱，曹操用計攻破下邱，派與關羽有過一面之交的張遼，去說服關羽暫棲曹營。

曹操對關羽禮遇有加，擺筵席請他坐上座，會見眾謀臣武士。曹操又撥給關羽一座府邸，贈送早已準備好的金銀器皿及十名美女。自此三日一小宴，五日一大宴的款待他。

即使這樣，依然沒有留住關羽的心，當張遼受曹操之命去探聽關羽動向時，關羽表示：「我知道曹丞相待我的厚恩。但我已與劉備、張飛誓共生死，決不背棄。」後來，關羽打聽到劉備的下落，將曹操所贈的金銀財帛原數留下，護送兩位嫂子找大哥去了。

表面看上去，曹操收買人心的舉動並沒有成功，關羽身在曹營心在漢，終於還是和劉備會合，繼續待在與曹操敵對的陣營裡。儘管如此，曹操的「三日一小宴，五日一大宴」就白設了嗎？不，關羽忠於劉備，但和曹操的這段交情，也沒有一回頭就抹得乾乾淨淨。

後來，曹操在赤壁之戰中失利，被孫劉聯軍打得落花流水，只好帶著一些殘兵敗將倉皇出逃。之後，他在華容道上碰到關羽帶兵攔截，關羽感念昔日之情，於是牙一咬放走曹操，曹操這才得以重整旗鼓，捲土重來。

事業做得越大，就可能出現越多對手。你能一一消滅他們嗎？這是不可能的。而且「殺敵一千，自損八百」，把精力都用在爭鬥上，你還拿什麼去建功立業？不如換一種手法，把對手拉到自己這一方，最起碼，也別讓他成為你做大事的絆腳石。

羅明轉行之後，開了間汽車配件公司，經過數年的辛苦經營，也算是初具規模。哪知道從一年前開始商品就一直不見，而且消失的都是最關鍵的小零件。羅明先查員工中有誰手腳不乾淨？再到同行以及客戶那裡調查，看哪家使用來路不明的黑貨，然而竟毫無線索。

後來，在一個偶然的機會下，羅明發現他丟的那些零件是被人塞在輪胎裡，明目張膽的賣出去——裡外勾結再分贓。而主使者竟是羅老闆的同鄉，平時誠實能幹，深得他的信任。羅明的手下工作已久，進貨管道、客戶網絡都摸得一清二楚，此時如果頂著竊賊的罪名遭到解僱，定會引起不必要的麻煩。

此外，羅明透過家鄉的人得知，這個店員的父親在去年剛動了大手術，欠下不少錢，雖然他這樣做不妥，可也算事出有因。羅明思考許久，便決定把事情壓下去。

於是，羅老闆不動聲色，繼續做出查無實據的苦惱樣子來。一天午休的時候，他找來偷竊的店員和另一名老員工一起吃飯，悄悄對他們說：「我平日忙著進貨，店裡的事就有些應付不來。我不在的時候，你們替我盯緊一點，若沒出什麼大問題，年終時我送雙份的紅包。」兩人點頭稱是。以後羅明的公司，總算是風平浪靜了。

一個人只有深謀遠慮，從整體上分析和判斷，顧全大局、捨小取大，才能做出正確的決策。當你也面臨「敵我」考驗時，建議你也像羅老闆那樣採用「雙贏」的策略。這倒不是看輕你的實力，而是為了現實需要。

凡有點心機的人都知道，彼此和諧與互助合作最為重要，競爭雙方既是對手又是朋友，這也是最明智的競爭策略。這樣做，一方面可以與對手友好相處、公平競爭，避免過度傷害對方而招致暗算；另一方面，這種真誠友善、團結合作的態度，還可以樹立起個人的形象和聲譽，爭取到更多大眾的認可。

總而言之，雙贏是良性競爭，更適合於現代社會。請你在占據優勢的時候，也放對手一馬，否則即使你贏了，孤家寡人的勝利也沒什麼好值得慶祝的。

4. 敬他酒，只有你明白是敵是友

在日常交往中，我們不免會遇到些許摩擦與不快，每當這個時候，我們面對問題的態度，往往就體現一個人的心胸與度量：心胸狹窄的人選擇斤斤計較，因而「失眾友」；心胸寬闊的人選擇寬容，因而「聚眾朋」。一個人要開創事業，求取共同點，保留相異處無疑是必須採取的策略之一。

英國首相邱吉爾（Churchill）曾有段名言：「沒有永久的敵人，也沒有永久的朋友，只有永久的利益。」他一生都在奉行這句話，在用人上亦是如此。身為保守黨的他，歷來非常敵視工黨的政策綱領，但在他執政時卻重用了工黨領袖克萊曼．艾德禮（Clement Attlee），也有一批自由黨人士進入內閣。

更令人稱道的是，他也沒有以個人恩怨，處理前首相張伯倫（Chamberlain）之間的關係。他不計前嫌，團結了所有人，顯示出他的胸懷和高明的用人之術。張伯倫在擔任英國首相期間，曾再三阻礙邱吉爾進入內閣，他們政見非常不和，特別是在對外政策上有著很大的分歧。後來張伯倫在信任投票中慘敗，社會輿論贊成邱吉爾領導政府。

出人意料的是，邱吉爾在組建政府時，堅持讓張伯倫擔任下議院領袖兼樞密院院長。他知道保守黨在下議院占大多數席位，張伯倫是他們的領袖，如果取代張伯倫會令許多人感到不愉快，接受邱吉爾做首相也會使他們痛苦。為了國家的最高利益，邱吉爾決定留用張伯倫，以贏得這些人的支持。

後來的事實證明，邱吉爾的決策非常英明。當張伯倫意識到自己的綏靖政策（按：對可能導致戰爭的事務上，做出讓步以避免戰爭）給國家帶來巨大災難時，他並沒有利用在保守黨的領袖地位刁難邱吉爾，而是以反法西斯為大局，竭盡全力做好分內之事，互相配合。

當爭端紛起時，難免會侵犯到彼此的利益，如此一來，大家對於敵方的情緒會越來越惡劣。端起杯子，送祝福給對手的人，等於站在主動地位而不受制於他人。因為你的主動態度不只打動對方，甚至讓他誤以為你們已經化敵為友。

可是，是敵是友，只有你心裡才明白，但你的主動卻使對方處於接招、應戰的被動狀態，如果對方不能接受你，那麼他將得到「沒有器量」之類的評語，一經比較立見高下。所以，當眾向你的對手舉杯，除了可以**降低對方的敵意之外**，也可以**避免惡化你對對方的敵意**。換句話說，為敵為友之間，留下一條灰色地帶，免得敵意鮮明，反而阻擋自己的去路與退路。人是群居動物，跟周圍的人做朋友，你的口碑才會逐漸樹立起來。

一家鋼材公司委託另一家公司加工一批零件，但由於最近原物料上漲，生產零件的公司認為加工價格也要相應上漲，否則，他們拒絕合作。

鋼材公司派行銷部齊經理與他們談判，但幾輪談判下來，對方的立場仍然十分堅定。談判陷入僵局，這個時候，齊經理決定暫時停止談判。

在接下來的幾天裡，他邀請對方吃飯，還請他們一塊到黃山來個三日遊。齊經理在旅途中，沒有談及任何有關談判的事，而是聊些風土人情、各自的家庭這些話題，幾天下來雙方成為好朋友。

這個時候，齊經理看到時機成熟，又重新談判，這時，對方做出了讓步：「我們已經是好朋友了，透過這幾天的交往，我發現你這個人很值得信賴，我們是不會讓朋友吃虧的，還是按原來的價格，我簽字！」齊經理最後成功了。

在談判中，不要為了贏得利益，而不擇手段，這很可能傷害對方的自尊和面子。能否尊重對方，不僅影響對方的心態，還會改變對方的合作態度。一旦對方感到不被尊重，那就會產生敵意，致使談判破裂。相反，如果對方覺得自己受到尊重，往往會變得更友好、寬容、熱情而易於合作。

即使彼此存在競爭關係，只要有心，也會慢慢建立起親切的關係。試著向對方舉起你手中的杯子吧！即使他態度一時轉不過來，不能與你建立真誠的關係，那種表面上的融洽就足以讓你獲益良多。

5. 恆毅力行不通，那就繞個彎

有時候，為人處世就像在荊棘中穿行，四面八方都要謀慮周全，有一方面的疏漏就可能導致窘境降臨。這時，就需要我們保持鎮定，剖析事情的各個面向，針對可能出現的情況一一做出反應，慢慢的引導事情向著自己的意願發展。

有一種以捕食魚類為生的鳥，牠嘴巴的形狀是直的，上下兩部分又長又寬闊。吞吃食物時，常把捕到的魚往空中一拋，讓那條魚頭朝下、尾朝上落下，然後一口接住吃下去。這樣可以使魚在通過咽喉時，由於魚刺由前向後倒，所以不會卡在喉嚨裡。

為人處世、求人辦事也一樣會碰到各種「刺」，這個時候便不能「直腸子」，而應該想辦法轉個彎避開釘子，這是最基本的策略。鳥都會把魚倒過來吃，聰明人怎能赤膊上陣，硬碰釘子，讓刺卡在喉嚨中？

一位哲學家說過：「懂得繞彎路的人，才最有可能抵達光輝的頂點。」因此，不妨試著學會多兜幾個圈，它不是放棄，也不是後退，而是為了更快的接近目標。我們也會在這過程中，發現距離目標越來越近。

黃立航畢業後到一家報社當財經記者。有一次，報社策劃了企業家訪談的專欄，想採訪一位從事高科技產業的大老闆，順便聯絡一下感情。但這位老闆處事低調，多次婉言謝絕邀請。要請客，客人不參加，送禮又不妥當，連美女記者出馬也無濟於事。報社高層頗為頭疼，決定重賞求勇夫。

在報社大會上，高層宣布誰能夠拿到這位企業家的獨家新聞和訪談稿件，就另外發兩萬五千多元的獎金。人們聽到後群情激奮，迅速行動，八仙過海，各顯神通。

剛開始黃立航也像其他人一樣，採取死纏爛打的方式，但發現那根本就沒有用。一來是電話打不到他那，全部被祕書擋掉；二是很難見到他本人，他上下班都是透過連接辦公室和停車場的專用電梯，外人根本無法進入；三是即使見到他，前呼後擁的也無法靠近。

黃立航是個很聰明的人，決定採取迂迴戰術。他透過熟人打聽到，老闆的夫人剛剛去世，兩人感情很深，老闆每週末的黃昏都要到公墓去坐一陣子，途中沒有任何的隨從。

正好黃立航去世的奶奶也安葬在那，於是他在週末買了兩束鮮花，早早的就到了公墓，先給奶奶獻上一束花，然後找到老闆夫人的墓碑，獻上一束花，便靜靜的等待著。黃昏時分，老闆果然來到公墓，他步履蹣跚，神態淒涼而凝重，完全不像平時那樣。

他看到一位陌生小夥子在夫人墓前默哀，迷惑不解，就問他為何給陌生人獻花，於是便和他攀談起來，之後兩人還到黃立航的奶奶墓前拜謁一番，然後一起從公墓回家，在一家餐廳吃飯，後到茶館喝茶，談得頗為投機。

幾天後，他以老闆提供的素材，寫了他的感情史，尤其是夫妻感情，真摯感人，在發表前請老闆先提供意見，如果不滿意就不發表。這樣的內容和以往誇讚老闆是「神人」、「超人」的內容完全不同，老闆看完後非常滿意。新聞發表後，也為老闆贏得良好的口碑，老闆和報社的合作也就開始了。

完美的飯局，不僅包括從酒菜端上餐桌，到曲終人散的那短短過程，事實上，事前鋪陳、事後追蹤，都是飯局的一部分。每個部分都要做到恰到好處，才能加深聚會的影響力。

一般情況下，用直接策略能迅速的搞定問題。對於那些非常困難的問題，採用迂迴策略，能轉化矛盾，使之趨於和平，直至最後徹底解決矛盾。所以，遇到暫時無法逾越的障礙時，就另闢蹊徑、繞個彎路吧！

那些說話、辦事心直口快的人，往往真誠也受人歡迎。不過在某些時候，這樣做的效果並不佳，既達不到交際的初衷，又損害人際關係的和諧。這時候，刻意繞開中心話題和目的，從相關的事物、道理談起，反而能達到較為理想的效果。

不過，兜圈子絕不等於猜謎語，它最終目的還是要讓對方知道自己的意思，如果兜來兜去把對方引入迷魂陣，或者兜得太遠讓對方不解原意，反而浪費時間，甚至會留下囉唆、虛偽的印象。

6. 不太重要的心事，說出來可以保護自己

人都有個共同的毛病：即使是平日再怎麼謹慎的人，受到聚會中熱烈氣氛的影響，也擱不住肚子裡的心事，遇到喜怒哀樂之事，就想找個人分享；更有甚者，不分時間、對象、場合，見什麼人都把心事往外掏。

曾有人實驗，在辦公室裡告訴身邊的人一條花邊新聞，結果很快就傳開了。所以，你不要期望別人為你保守祕密，假如真有什麼祕密也請把它保存在心裡。尤其應該警惕的是，如果你在事業上有什麼想法或者野心，在成為眾所周知的事實之前，絕對不要與其他人分享。不但平時不能說，即使在酒酣耳熱、最不容易控制自己之際，也要保留三分清醒。

李達是家電腦公司的技術人員，跟老闆關係很好。一天下午，李達加班加得很晚，老闆

請他吃晚飯。幾杯酒下肚後，李達頭腦一熱，說他也想開一家電腦公司。

老闆愣了一下，但很快恢復了正常表情，並鼓勵李達說：「年輕人就該闖一闖，我支持你。」李達說：「我現在的技術還說得過去，但對銷售還是一知半解。」老闆說：「一邊工作、一邊學習嘛！憑你的能力，再做個兩年就能獨當一面了。」李達說：「你放心，兩年之內我是不會走的。」

一週後，公司又僱用一名技術人員，李達也接到解聘通知。他一臉茫然，隨後找老闆詢問緣由。老闆一本正經的說：「在我的公司裡，你已經沒有什麼需要學習的了。你應該多去幾家公司，多累積一些經驗，我是從你的自身發展考慮才忍痛割愛的。」

李達幡然醒悟，被炒魷魚都是因為自己跟老闆交心，才讓老闆抓住如此「富有人情味」的把柄！

不管關係多麼親密，老闆永遠是你的老闆，他是資方，你是勞方，你們很難有共同的利益和語言。人在江湖，應該把底牌牢牢的抓在手裡。和各方勢力能遠也能近，這樣就更容易贏得權力，並加強自身的影響力。

病從口入，禍從口出。古今中外，由於嘴不嚴最終導致失敗，甚至因為一句話賠了性命的例子比比皆是。所以，身在職場更要把好口舌關，如果不能巧舌如簧令同事和上司皆大歡喜，還不如保持沉默，對於工作機密更應該守口如瓶。否則即使能力再強、前途再好，也終有一天會毀在自己的嘴上。

某公司準備提拔一名年輕人做辦公室主任，小波和另一位同事都是候選人。他們實力不相上下，而且兩人私交也很好。

有一天，經理把小波叫進辦公室，告訴他公司初步決定由他來接任辦公室主任。小波很開心，之前為升職一事焦慮萬分，現在壓在心裡的一塊石頭終於落下來了。

當喜悅之情溢於言表，舌頭就會特別靈活。那天小波特別健談，從公司近憂到遠景，談得頭頭是道，聽得經理連連點頭。不知不覺，最後小波竟然聊到那位同事。小波說起那位同事鬧的笑話，以及對那位同事不利的事。

幾天之後，正式任命下來了。讓小波跌破眼鏡的是主任並不是他，而是那位同事。經理語重心長的對他說：「年輕人，沉默是金啊。」後來，小波得知和他談過話後，經理又和那位同事談了話，委婉的提及小波可能出任主任，希望他能夠支持小波的工作。同事對小波的評價非常中肯，也正是這點讓經理最後捨棄小波，而選擇那位同事。

適時的沉默體現著修養，顯示著一個人的度量。小波的多言讓經理看到他的浮躁和輕狂，也讓經理覺得他的人品好像還差那麼一點，因此在最後時刻改變了主意。

人們往往尊重那些保留自己立場的人，因為這種人讓別人難以掌握。而傾吐心事會洩露人的脆弱面，這脆弱面會讓人對你改觀，雖然有的人欣賞你人性的一面，但有的人卻因此下意識的看不起你，最糟糕的是別人會掌握住你脆弱的一面，形成他日爭鬥時你的致命傷，這不一定會發生，但你必須預防。

任何人若能處理好保守祕密這件事情，就不會因洩露祕密而把事情搞複雜，或使自己身敗名裂，從而保持著良好的個人形象，成就一番事業。然而，閉緊心扉也不是好事，因為這樣你就成為城府深、心機重、不可捉摸與親近的人了。如果你本來就是這樣的人，那沒有太大的關係；如果不是，這種印象就划不來了。

所以，真正有心機的人應該這樣做：偶爾也要說說無關緊要的「心事」，給你周圍的人聽，以降低他們對你的揣測與戒心。

第十章——會面的安排巧妙，對方照著你的意思走

1. 不怕他講原則，就怕他沒愛好

飯局中不可以有陰謀，但是可以有「陽謀」，也就是說，在充分了解人性特點和人情世故後，對症下藥，巧妙推動事態發展。運籌於杯盞之間，決勝於千里之外。

華人社會重人情，很多事情靠公事公辦往往辦不成，因此，溝通就很重要了。想要有良好的溝通，這就需要從對方的喜好上著手，愛風光的送給他聚會上的風光，愛實惠的送給他背後的實惠，讓他在不知不覺中就站在你這一方。

東漢桓帝時，「十常侍」之一的宦官張讓因幫助桓帝奪權有功，受封為侯爵，把持朝政，一手遮天。官員提拔都是他一人說了算，因此，巴結他的人擠破門，想拿錢買官的人都千方百計接近他，以求速升。

有位富商叫孟倫，販運來到京師，聽到這件事後心中有了生財之道。他先打聽情況，知道張讓因在宮中侍候皇上，所以家中有一位管家負責日常事務，有人求見張讓，都由他事先安排。孟倫便先從這位管家下手，打聽好他天天去哪家酒館，自己就在那裡等著，伺機接近。也巧，這天管家喝完酒，卻忘了帶銀子。酒家因是熟人，就說下次帶來。

這時，孟倫趕忙上前，替管家付了帳。管家很感動，兩人便攀談起來。論口才，沒有人比得上商人的油嘴和頭腦，所以沒過多久管家就視孟倫為知己。

魚上鉤，孟倫便加緊使力，在這位管家身上花了不少銀錢，之後管家有點過意不去，便問孟倫有什麼要求。孟倫見問，心中大喜，但不動聲色，忙說沒有什麼要求，只是交個朋友。最後管家一再說要效力，孟倫說：「別無所求，若您不為難的話，只希望明日您當眾對我一拜就足了。」管家本是奴才，拜人慣了，當即滿口答應。

其實，孟倫此釣只是為了借魚餌而已，真正的釣魚好戲還在後頭。第二天，孟倫來到張讓府前，那些盼望升遷的權勢小人早已擠滿了胡同，等候管家開門安排。日頭老高了，管家才在小奴才的陪伴下開門見客，眾人一下擁上前去。

管家在門階上見孟倫站在人後，便率領眾奴才撥開眾人，低頭向孟倫拜去，客氣的迎孟倫進府。直把那班等候的人驚在那裡，心想這位鼻孔朝天的管家對這個人如此客氣，那他與張讓肯定不是一般關係。

所以，那些找管家沒有下文的人便轉來找孟倫，送來許多財富。孟倫一概應允，不出十天便收下數萬錢財。

古往今來，利和禮是連在一起的，先禮後利，已經成了人際交往的一般規則。送禮的道理不難懂，難就難在具體實行上，任何禮物都應該表達送禮人特有的心意，可能是酬謝、求人、聯絡感情等。所以，你選擇的禮品必須與你的心意相符，並使受禮者覺得禮物非比尋常，才會倍顯珍貴。

實際上，最好的禮品應該是根據對方的興趣愛好來選擇，應是富有一定的意義且耐人尋味。因此，在選擇禮物時要考慮其藝術性、趣味性、紀念性等多方面因素，力求做到別出心裁，不落俗套。能做到這點的話，效果往往超出你意料。

清末軍閥張敬堯最初跟一位說書人學說書。他在生活困難的時候，還能耐住性子學說一段，後來覺得說書整天跑來跑去很辛苦，就利用一次偶然的機會混進北洋軍隊。

張敬堯雖胸無點墨，但耍起嘴皮子來卻很有一套。憑著能言善道、投機鑽營，很快就晉升為營長，但他還嫌不過癮，竭力往上爬。看到別人一年年高升自己卻沒有動靜，他內心十分著急，想著怎麼靠袁世凱升官。

某次，他意外獲悉，袁世凱的寵妾楊氏喜愛喝進口白蘭地名酒，而且需要喝很多。聽到這個風聲使他心花怒放，決心利用這點認識袁世凱。之後，楊氏經常收到一箱箱沒有署名的白蘭地。

半個月之後，她暗中查訪才知道是營長張敬堯送的，自然十分歡喜，親自召見。張敬堯一見面，即滿口「師母長」、「師母短」，誇的楊氏內心甚喜。從此，張敬堯透過楊氏也讓袁世凱有點印象，幾年後竟升為旅長。

俗話說「不見兔子不撒鷹」，如果沒有實際利益，誰都不願意浪費自己的精力和資本。相反的，一個人要想借用別人的力量，就必須找出切實的利益來吸引他人注意力，提高對方的積極度，幫助自己成就一番事業。你可以從以下方面，吸引你的合作者：

1. 給予金錢利益。切莫輕視利益的重要，這是吸引合作者助你一臂之力的要素。如果這個利益又是他迫切需要的，將會為你增加更多助力。

2. 滿足情感需要。所謂情感需要，主要指友情、彼此的夥伴意識。滿足對方對友情的渴求，對方自然樂意助你一臂之力。

3. 提高自我重要感。明確的讓對方知道，你多麼需要他，而且除了他之外，沒有人有能力幫助你。這樣能大幅滿足他的優越感，樂意為你效犬馬之勞。

2. 你強人所難，他能笑著照辦

人的心理活動都離不開情感伴隨，在求人辦事時，巧妙的動之以情，曉之以理，就能征服對方。而最有名的一場聚會，莫過於宋太祖趙匡胤製造的「杯酒釋兵權」。

北宋初，宋太祖剛打下江山，鑒於自唐以來君主權弱，無法控制地方政權，以至於戰禍連綿，宋太祖決定削藩，削減大臣所擁有的權力，控制他們的錢糧，收編他們的精兵強將。

然而，如何才能讓那些位高權重的將領，乖乖的聽從安排？過了幾天，他隆重宴請為他打下江山的石守信等愛將。

酒酣耳熱之際，宋太祖命令左右侍從退下，故作醉意的放下酒杯，對眾將說：「各位愛將，如果不是你們鼎力相助，朕哪能有今天？朕將永遠銘記各位愛將的輔佐之心。然而，做天子十分困難，有時朕覺得還不如當初做節度使快活，現在沒有一個晚上睡得安穩踏實啊！」石守信等人急忙驚惶的問：「這是為什麼呢？」宋太祖坦然的說：「身居朕這等高位的人，誰不想取而代之呢？」石守信等人一聽此話，嚇得酒醒了一半，人人表示並無此念。

宋太祖站起來、嘆了一口氣說：「當然，你們跟朕這麼多年，朕相信你們沒有一個人有這種野心，但你們的手下將領也想顯達啊！萬一有那麼一天，他們將黃袍加於你們，即使你不想做皇帝，恐怕屆時也身不由己。」

石守信等人聞此言，都叩頭哭泣著請求道：「陛下，我等愚蠢，只請求陛下念我等對您的一片忠心，給臣指出一條生路吧！」宋太祖親自將他們一一扶起，故作輕鬆的笑道：「難得眾位愛卿一片忠心，人生苦短，想求富貴榮華的人，不過是為了多得些錢財，使自己能夠盡情享受、子孫後代不致貧困罷了。這樣吧，如今天下也已太平，你們何不放棄兵權，去挑選一些最好的田地、華貴的房屋，並為子孫多置些產、多購買些歌伎舞女，整天飲酒作樂，以享天年。這樣，君臣之間也免於無端的猜忌，何如？」

石守信等人這才恍然大悟，頓時再次叩謝宋太祖道：「陛下為臣等考慮得如此周到，不勝感激，真所謂是同生死、共患難的再生父親啊！」

第二天，石守信等人都稱自己身患疾病，不能繼續為朝廷效勞，請求太祖解除他們的兵權。「杯酒釋兵權」一事，宋太祖先感謝各位將領的輔佐，然後恩威並施，一鼓作氣取得眾將手中的兵權，手腕著實高明。

人在社會上行走，如果不懂得與他人打交道會很吃虧。要做一個處世高手、一個受人歡迎的人，就應當使用籠絡人心這一招。

雖說演員秦嵐憑藉瓊瑤劇已經頗有名氣，但當時導演陸川邀請她參演《南京！南京！》時，要她和范偉扮演戰爭中的小人物唐氏夫婦，她扮演的唐太太只有三句臺詞、五場戲。不過，秦嵐認真研讀劇本，又進一步研究那段歷史，發現越是宏大的戰爭背景，小人物的設置就應該越精彩。而且她知道陸導非常關注小人物，也擅長運用小人物講述大道理。

秦嵐便大膽的提出建議，最後也爭得導演同意。就這樣，秦嵐增加了一些戲分，有更多的發揮空間。

秦嵐和范偉還嘗試更多角色設計，比如唐太太在打掃廁所時頭戴花布、唐先生說話有點大舌頭，既吻合角色本身的要求，又增添許多趣味，演繹起來效果非常好，完全超出導演事先的標準和要求。

陸川非常認可他們的表演，不斷給他們加戲。憑著出眾的演技，拍攝結束時，秦嵐的戲份已經不亞於任何主角。可是，當樣片初剪完成後，秦嵐興致勃勃的觀摩，發現她和范偉精心演繹的唐家人戲份僅剩寥寥幾場。她和范偉找到陸川，秦嵐沒有據理力爭，而是親切的邀請陸川吃飯。

酒過三巡，范偉突然提出要取回當初的拍攝素材，使得陸川很納悶，秦嵐便半真半假的對陸川說：「范老師和我準備親自動手，將唐家戲份重新剪輯成短片《唐家人在上海》，然後拿到坎城參展。」陸川頓時明白自己是赴了「鴻門宴」，開始哈哈大笑。

回去後，陸川召集劇組人員又重新看了樣帶，發現初剪時確實有些地方下手太狠，於是適當的增加了唐家戲份。

試想，如果當初秦嵐硬著找導演說理，說不定會引起導演反感，反而堅持己見。正是秦嵐靠著良好的溝通技巧，從小配角升到不可或缺的女主角，才完成了一次完美的晉升。

其實在很多時候，人與人之間並沒有什麼太大的分歧，只要掌握好說話、辦事的分寸，就能有效的整合我們的關係資源。當中間的隔閡越少、認同越多時，你便擁有成就一番事業的人脈基礎。

3. 你不強人所難，讓他心理有負擔

大部分的人年輕時，做事都很強硬，受不了挫折、吃不得口頭虧，一言不和則拍案而起。這種作風實在要不得，認真想一下，你在一場爭論中輸了，情形會很難看；即使贏了，贏的也是表面上的勝利，對你的實際利益、長遠發展一點好處都沒有。

這種關係套用在聚會裡，就是要勇於做鞠躬敬酒的人，飯局裡的關係拉鋸戰，輸贏要看最後的結果。同樣的，在現實生活中對於有權有勢的人，或者是會場中的主要人物，寧可受些小小的委屈，也要維護他們的尊嚴。這樣，他們對你或多或少總有些「心理負擔」，這就是達到目標的開始。

有些推銷員打的就是「跑斷腿，磨破嘴」的感情牌，在推銷產品的時候，經常遭到客戶

拒絕，可是過了一段時間以後，他又毫不氣餒的來了。如果客戶說：「我們沒有購買的意思，你再來多少次都是沒用的，所以，我勸你不要再浪費口舌了。」

推銷員卻毫不在意，仍然鼓起精神，笑著說：「請別替我擔心，說話跑腿是我的職責，若你能給我一些時間，聽我解釋就滿足了。」客戶見推銷員汗水淋漓，卻仍然一臉笑容，不買就有些過意不去了，因此買了一點。

下雨、下雪天更是推銷員上門的好日子。外面下著雨，別人都坐在家中，可是推銷員卻站在門口，使人們產生同情心，很難拒絕。

儘管人們都知道這是推銷員的計策。可是他都這麼做了，你真能對此無動於衷？

這種推銷方法巧妙的利用人們的感情，本來不想購買的人，也產生「再也不能叫他白來了」的想法，使人們有一種心理負擔。若**想使人們大幅度的退讓，就應該多累積一些微小的心理負擔**，當它擴大到一定程度的時候，人們就會做出讓步了。這種方法對於那些影響你前途的領導者依然有效。

「磨」，不露鋒芒、不講要辦的事情，只是不間斷的接近對方，使對方多同情你，從而產生幫助你的願望。意思是說，你要想辦法接近對方或者他的家人，並且透過各種辦法和他們搞好關係。這種感情上的「磨」，對方是無法拒絕的。

一些領導者愛讓人「磨」，不想輕易答覆任何事。你「磨」他，能讓他從精神上和權力上得到滿足。若怕尷尬而不敢「磨」對方，往往會被他嘲笑說：「他若再來一次，我就真的同意了，誰叫他不來。」想通這點，我們在辦事的過程中所遭受的尷尬，也就是等閒小事了。

4. 要卑也要亢，不卑不亢事難辦

我們都知道在男女情愛中，一方追得緊，另一方可能就想逃。有個朋友喜歡同系的女同學，幾年同窗生涯，鮮花、巧克力不知送了多少，那女生始終對他若即若離，沒有給他一個明確的答覆。直到畢業，兩人在同一座城市找到工作，關係還沒定下來。

他自認護花使者也演得夠盡心，到底差在哪裡？之後有人提議：你對她稍稍遠一點試試。於是，他藉口工作忙，一星期也沒打電話問候，見面時也行色匆匆，一副高深莫測的模樣。這樣一來，反而那女孩沉不住氣了，主動來找他訴委屈。感情是這樣，其實在生意上、社交上也是同樣的道理。

王偉要會見一位客戶，為了能給客戶留下深刻的印象，他表現得相當熱情。一開口就稱兄道弟，不急著談業務，反而閒話家常，從工作到感情史，甚至最近有什麼心煩事都說。

王偉本來是想藉透露一點私事，來拉近彼此關係，沒想到卻弄巧成拙。因為客戶覺得難以適應，以前彼此素不相識，剛見面就弄得像多年老友似的，懷疑他肯定另有目的，以至於對他們公司的產品也產生疑慮。此外，面對他那些家常事，客戶也不知道該如何回應，只是傻笑，弄得氣氛很尷尬。

過度的自我暴露給人一種強勢靠近的壓力，容易失去應有的人際距離。弄巧成拙的原因，就在於忽略了「度」的問題。一般來說，人們普遍都有種逆反心理（按：Reversal Mind，支持採取一種行動，結果卻說服對方採取相反的行動），你越屈就自己，他就越是擺架子，合作也就很難談成了。

這就像釣魚一樣，你的急切全寫在臉上，心繃得緊緊的，魚怎麼可能還會來咬？若心平氣和，擺出一副可有可無的態度來，旁觀者見了，無形中就會有這樣一個印象：他實力雄厚，有的是時間，所以要辦什麼事還是趕緊趁早吧！

今世廣告公司總經理崔濤，她的成功理念和生活價值十分與眾不同。這個如花一樣豔麗的女子，永遠都穿最鮮豔、最純正的顏色。有時一身鮮紅套裝、長髮披肩、頭頂墨鏡、十分搶眼；或者一身亮黃色帶腰帶的長毛衣、黑色超短皮裙、黑色長筒皮靴，馬尾高高的束在頭頂上，面色紅潤、笑容燦爛，豔麗得如冬日裡照進房間的一束陽光；工作時，又展現出自信、雷厲風行，爽快得就像秋天的氣候。

崔濤進入廣告業僅六年，就將公司發展為代理額達數億元的大型廣告公司。她的廣告生涯是從拉廣告開始的，她說：「拉廣告是在幫助企業賺錢，企業宣傳好是賺大錢，而廣告公司賺的只是小錢。」所以崔濤和人談廣告都很理直氣壯，不卑不亢，讓客戶知道與廣告公司合作會有效果，可以帶來收益。

「做廣告是要幫助廠商把商品賣出去，這裡面很有學問，得站在客戶、站在消費者的立場上多想問題，才能幫助企業設計出切實可行的廣告方案。」崔濤幾乎不喘氣的說道：「我之所以不需要求人，是因為我很有自信，我們有實力可以做好這個案子，能幫企業賺錢。」

這幾年和今世公司合作過的客戶，人氣都變得更旺，最經典的是「雙匯」火腿的廣告，播出後年銷售額成長四倍，現在已成為全中國食品加工的龍頭企業。

與人合作，本是一種雙贏的策略，裡面沒有施主也沒有乞丐，既然是以實力說話，就要大方的展現自己的風采。把自己捧高的好處是能得到身分、要到好價錢，但壞處是倘若對方知難而退，我們就可能眼睜睜看著，本該屬於自己的利益讓給他人。那麼，到底該不該捧高自己呢？還是要試試看。姿態放低，大客戶看不上，失去的是更上一層樓的機會；姿態提到一定層次，會吸引有實力者的注意，自己的身價也會隨之上揚。衡量得失之後，適當的誇讚自己一下，還是有好處的。

除了那些剛畢業的學生，因為沒有經驗，所以必須表現出意氣風發的姿態，讓人感覺到他的培育價值，而已經在社會上立足的人，總會有些驕傲的本錢。你的頭腦、技術、資歷、關係或手中的資源，如果輕易出售，對方也不會認為你大方又熱心，相反的，他不會看重這些沒下本錢的東西，甚至是你這個人。

5. 給人面子而你也賺足面子的巧思

美國哲學家約翰・杜威（John Dewey）說：「驅策人類最深遠的力量，就是希望自身具有重要性。」我們生活中的每個人，無論默默無聞還是身世顯赫、文明還是野蠻、年輕還是老的，都渴望受到重視、關懷與肯定，當你滿足他的要求後，他就會對你重視的事物有著莫大的熱情，並成為你的好朋友。

事實上，給人面子並不難，只要你給人鎂光燈、給人餘地，就能做到這點。如此一來，別人就不會給你難堪，甚至會犧牲自身利益來幫助你。

前文提到的清代商人胡雪巖，之所以能在官商兩道暢行無阻，原因在於他活用飯局社交，深切了解每個人都在乎自身所需，並且盡力滿足他們的心理需求。

年關將至，各處的帳目和開銷要結帳，胡雪巖必須脫手囤積在上海的生絲。若與絲業世家的龐二商議妥當，就可以壟斷行情，加重與洋人談判的籌碼，目前只等龐二的一句話。

當他和手下商議此事，有人認為龐二必定會答應，但胡雪巖大搖頭，他認為與龐二談合作，有交情他自然會答應，交情不夠就難說了。因為第一，龐二跟洋人做了多年的交易，自然也有交情，有時不能不遷就；第二，在商場上還有面子關係，要龐二聽胡雪巖的指揮，像他這樣的身分怎麼肯接受？

不過，事情能否成功還是在於怎麼溝通，於是，胡雪巖當場就教手下劉不才一套說辭。第二天劉不才在龐府山珍海味、水陸並陳的筵席上，先恭維龐家的實力，又說龐二做生意有魄力，手段厲害，接著便談到胡雪巖願意擁護他做「頭腦」：

「洋人這幾年越來越精明，也越來越刁，看準有些戶頭急於脫貨求現，因此故意殺價。如果一家價錢做低後，別家想抬價就不容易，所以，想請你當頭，出來登高一呼，號召同行，齊心來對付洋人！」

輕輕一句話，便暗中轉換概念，將胡雪巖由主導者的地位，說成隨時供龐二少爺驅策，這話不論誰聽了，心裡也會舒服些。合作是否成功，也只是時間的問題了。

胡雪巖利用別人重視地位、愛風光的心理，適時的把對方推上前臺，甘心隱於幕後，從而藉他人之名成功實現目標，也讓大家都從中獲益，皆大歡喜。精明的胡雪巖明白，名聲雖然是你的，但東西是屬於我的。他不計較這種表面的東西，也就得到最實在的利益。

與他人合作，主動讓對方站在前臺，這既是強者操縱大事的手段，也是弱者取得最多利益的有效策略。謙恭退讓的人，大家也必然樂於與之攜手。

有一次，東芝（Toshiba）公司一位業務員，無意中向董事長士光敏夫說出一件事情：公司有筆生意怎麼也做不成，主要是對方負責人經常外出，自己多次登門拜訪都撲了空。士光敏夫聽完後，沉思了一會，然後說道：「啊，請不要洩氣，待我上門試試。」

這位業務員聽說董事長決定御駕親征，不禁吃驚。他一方面擔心董事長不相信這件事的真實性，另一方面擔心董事長親自上門，萬一又沒碰到那位負責人，豈不是太丟臉了。他越想越怕，急忙勸說：「董事長，您不必親自為這些小事操心，我多跑幾趟，總會碰上那位負責人的。」他其實沒有理解董事長的想法。

第二天早上，士光敏夫真的帶著那位業務員，來到那位負責人的辦公室，果然沒有見到他。當然，這是士光敏夫預料之中的事，但他沒有因此告辭，而是坐在那裡等候。

等了很久，那位負責人回來了。當他看到士光敏夫的名片後，慌忙說：「對不起、對不起，讓您久候了。」士光敏夫毫無不悅之色，反倒微笑著說道：「貴公司生意興隆，我應該等候的。」那位負責人非常清楚自己公司的交易額不算多，只不過幾十萬日圓，而堂堂的東芝公司董事長竟然親自上門洽談，令他覺得十分有面子，因此很快就談成這筆交易。

最後，這位負責人熱切的握著士光敏夫的手說：「下次，本公司無論如何一定會買東芝的產品，但唯一的條件是董事長不必親自來。」

那位陪同士光敏夫前往洽談的業務員，看到此情景，知道董事長此舉不僅是幫他做成一筆生意，還教他以坦誠的態度贏得顧客的心。

《馬太福音》曾說過：「你希望別人怎樣對待你，就應該怎樣對待別人。」這句話被大多數西方人視為待人接物的黃金準則。真正有遠見的人會在日常交往中，為自己累積人緣，同時也會給對方留有相當大的餘地。留面子給別人，其實也是給自己好處。

6. 搞定重要人物的兩種管道

當今精通跑關係、深諳辦事之道的人，各自都知道事情成敗的關鍵在何處，主事者的喜怒哀樂固然要放心上，枕邊、車上、門口、餐桌……大人物所到之處都是機會；貼身祕書、汽車司機都有著一般人所沒有的便利。

搞定重要人物，**第一個管道就是「枕邊風」**（按：妻子向丈夫說的悄悄話）。幽默大師林語堂曾經說過：中國一向是女權社會，女人總是在暗地裡對男人施加影響力，左右著男人的心理情緒和處事態度，無形中便決定了事態發展。一些老謀深算者更是諳熟此道，求人時專從女人身上下手，結果真的是事半功倍。

宋朝蔡京曾一度被宋徽宗罷相，落到山窮水盡的地步。但是他不甘心就此退出政治舞臺，而是多方活動以圖東山再起。

首先，蔡京暗中囑託親信，求鄭貴妃為自己說情，又請深受徽宗信任的鄭居中伺機進言。一切安排妥當之後，再讓自己的黨羽直接上書徽宗，大意是為他鳴冤叫屈，說蔡京改變法度，全都是稟承聖上旨意，並非獨斷專行。現在將一切否定掉，恐怕非皇帝的本心。

徽宗見表，果然沉吟不語，但也沒批覆。這時鄭貴妃就發揮作用了，她早已看到表章的內容，又見徽宗的這種表情，就順勢替蔡京說了幾句好話，徽宗便有些回心轉意。

接下來就由鄭居中出馬。鄭居中了解內情後知道時機已經成熟，便約好友禮部侍郎的劉正夫，兩人先後拜見徽宗。鄭居中先進去向徽宗說道：「陛下即位以來，重視禮樂教育，欲行居養等法，對國家和百姓都很有利，為什麼要改弦更張呢？」

一席話隻字未提蔡京，只把徽宗的功績歌頌一番，但暗中褒獎的卻是蔡京，因為肯定前段朝政的英明，就等於肯定蔡京是正確的。之後換劉正夫進去補充，醉翁之意不在酒，弦外之音不在言。徽宗聽了心裡很舒服，終於轉變態度，第二次起用蔡京為相。

除了「夫人路線」之外，能影響關鍵人物的，就是**他身邊的祕書、司機等人**。許多人因為眼裡沒有這些小人物，以至於摔跤都不知道絆腳石在哪裡。

有個人曾在政府部門工作，受盡了局長的氣，後來託人調到更上級的部門擔任祕書。按理此時局長應該認真反省一下，向這個人表示歉意，亡羊補牢也許未為晚也。

但局長並沒有把他放在眼裡，認為小魚能掀起多大的浪。因此，這個人懷恨在心，每當局長要找上頭的時候，他總是裝出一副無可奈何的樣子回答「無法安排」。

反之，當上頭想要了解這位局長的情況時，祕書又常說該局長目中無人，自以為是。用不了多久時間，局長也就失寵了，但直到最後局長也沒弄清楚是怎麼回事。

而那些精通人情世故的精明人，卻是把「小人物」也當主線在用。任何一位關鍵人物都有自己的人情網絡，這個網的形成與他的身世和人生經歷，有著直接的關係。

想要攀關係，必須先多留心他的身世和社會關係，包括親屬、朋友、上下級的關係等。掌握這些訊息之後，鑒於直接建立關係十分不便，便另闢蹊徑，設法與一、兩位和他關係甚篤的人建立感情，這樣在必要時，他會礙於友人的面子不好拒絕、不能拒絕、不便拒絕。

依靠關係辦事，已經在華人社會中形成共識，有關係也就有路，有利益就有隨時兌現的希望。與重要人物十分親近的人，很多都是看似不起眼，實則神通廣大之人，除了能辦好自己或朋友的事，還能越過法律和道德規範辦事。

有了好的關係，正話可以反說，反話可能正解，黑白可能顛倒，是非可能混淆，儘管這樣不合理，卻非常合乎一個「情」字，因為合乎「情」字，也就合乎「關係」，為了關係，世上絕大部分的事，差不多都可以辦到。

7. 「再看看」的用法

如果你仔細觀察，就會發現華人社會在很多場合中，都表現出一種「含糊」的態度。在接受別人的謝意、索取報酬、談及自己的利益、表達愛情，甚至在罵人時，都表現得十分含蓄，既保全了他們的面子，又留有周旋的餘地。

韋文是電視臺的節目主持人，也算是小有名氣。他的妻子辭職後，就一直要韋文幫忙介紹工作。韋文原以為自己是個名人，找工作可以說輕而易舉，實際找後才知道困難重重。

當他打電話請人吃飯的時候，一些他熟識的老闆、公司主管都很高興，也樂於與名人一同吃飯。但一聽有事相求，而且是安排人事，態度就變了。他們也不是一口回絕，都是說「再看看」，一聽就知道這事沒希望了。

後來，有位建材公司的總經理聽說這件事，便主動邀韋文吃飯。酒桌上兩人稱兄道弟，聊得非常開心。韋文說起妻子工作的事，那位總經理立刻一口答應，他說公司正好缺一位行政助理，如果夫人願意，明天就可以來上班。

兩人又喝了一杯酒，聊了一些社會新聞，總經理便悠閒的說：「現在市裡房地產挺熱門的，建材行業也跟著沾光，這也是熱門新聞啊！你們電視臺能不能做個特別節目？」韋文明白，這是藉著節目的名號打廣告，但如果回絕，妻子的工作也就到此為止了。他只好笑道：「我們專欄關注的是社會問題，不過，我回去會好好策劃一下，盡快拿出讓『觀眾』滿意的節目來。以後時間還很長呢，你就好好看著吧！」兩人便乾杯，都覺得這頓飯吃得很值得。

這就是華人慣用的手法，不行或者不願意做的事，就以「再看看吧」應付，然後再找合適的理由推託。而私下的交易也不明說，全憑對方去領悟。一番話聽起來冠冕堂皇，什麼毛病沒有，但是該提的要求都提出來了，應該接的招也接了，這就是含蓄的功夫。

不可否認，把話說明白會給人良好的印象，明確而堅定的表態也給人自信的感覺。但我們表態或許諾時，如果總是輕易的使用「絕對」、「一定」等字眼，把話說死、不留餘地，就未必是明智之舉了。

有心機的人都知道，話一出口就收不回來，為了防止落人口舌，他們大都會選擇「模糊」的回話方式，讓自己留有餘地。

梁先生多年在內蒙古做羊毛生意，當地許多做畜產品生意的零售商，都願意提供貨源，一直以來大家都合作愉快。今年梁先生又到內蒙古聯繫貨源時，一家在當地頗有實力的公司派代表找他談生意。

對方表示，他們有能力包攬那邊的羊毛生意，希望梁先生放棄和那些小零售商的聯繫，兩家聯手可以輕易的控制價格，這對雙方都有好處。

這看起來是件好事，但是梁先生明白，內蒙古是他多年辛苦經營的根據地，若只著眼於眼前的利益，以後在這片土地上就不好混了；不答應的話，對方公司在當地有背景，和政府部門也有關係，斷然拒絕就太不給面子了。

經過一番考慮後，梁先生和對方代表說：「貴公司這樣好的條件，在我眼中是求之不得。不過這邊的情況你們肯定比我清楚，那麼多的生意人都靠這行吃飯，砸了他們的飯碗，萬一弄出事來雙方都有損失。」

說明白了問題，梁先生話鋒一轉，又推心置腹的說道：「貴公司做事是大手筆，我本人非常佩服。等我就各方面籌劃出一個妥當辦法來，只要不影響這裡的風氣，我一定按你們的計畫，只跟貴方一家簽約。至於額外的利益，都是貴公司的。」

這番話說得很漂亮，但是對方代表也是明白世故的人，心知梁先生的妥當辦法，花幾年的功夫也不見得能籌劃出來。什麼「只跟貴方一家簽約」等，無非是有名無實的「口惠」而已。話雖如此，他仍能體諒梁先生的苦心，或者說是他不肯抹殺良心，不顧利害去做事情，有他剛才前半段的話也就夠了，而後半段的補充也相當尊重客人。因此，他深深點頭說：「梁先生真是明理的人，我總算也是不虛此行。」

由於彼此的立場、觀點和利益不同，所以必須常拒絕對方的一些要求和想法。這種拒絕或回絕對我們是必須的，不能不說，不能不做。但是我們也會因為回絕，而讓對方受不了、吃不消，弄得很尷尬。

遇到這種情況，我們可以不直接回話、不直接做事，用溫婉的方式和說法，讓對方比較容易接受，情緒較少受到刺激。做不成朋友，也盡量不要成為冤家，留個活口，留份人情，山不轉水轉，說不定以後大家又會在一起合作呢！

第十二章

達成心照不宣的契約，讓關係長久

1. 陋習、潛規則，我該怎麼辦？

聚會中借酒說的話，不能當它是醉話而不作數，同時也不能口無遮攔，看起來像個無法保守祕密的大嘴巴。這關係到你在人們心目中的形象，以及社會上的信譽，本來可以走得很平順的路，無論如何也不能走窄或者走死了。

華人社會講究入境隨俗，當社會風氣形成時，如果要辦好事情，就必須迎合這種風氣；如果反其道而行之，就會失去朋友、支持和幫助。

王志是學農學的，大學畢業後決心闖出一條致富之路。於是，他毅然回到家鄉承包了四十畝荒地，開始建造他的示範農場。

可是，才來一個月，他就和村裡的公職人員發生衝突。一次，因為公職人員吃吃喝喝，王志當面提出意見，他說：「論輩分，你們都是我的叔叔。可人民生活這麼苦，不應該這樣多吃多占便宜。」公職人員聽了一愣，工作了多少年還沒有人敢當面指責他們呢。之後，他們小聲議論說：「這小子多讀了幾年書，就自以為了不起。」

當王志動用畢生積蓄，在山上蓋起石屋、建造農場時，他遇到一連串的麻煩：實施計畫需要的炸藥，要行政人員證明才能購買，因此他受到了無端的刁難；農場需要資金，他又遭到他們的冷眼相待。

有人勸王志，為了事業去找里長聯絡一下感情，好換得他們的理解和支持，或是多去有實權的部門走動一下，否則將會一事無成。但王志口氣強硬：「做人要有骨氣，我絕不向卑劣的行為卑躬屈膝。」

最終，王志只能無奈的守著空屋、守著他的農場、守著他的人生夢想。

不是說公職人員就可以吃吃喝喝，但在你個人力量還很微弱、不足以對現狀產生什麼影響的時候，最要緊的不是改革，而是找到能生存下去的一席之地。迴避辦公室話題、拒絕參加公司活動，只會讓人感覺你性格孤僻。

如果你想接近某個同事、了解這個團體，最好的辦法也許就是參加公司的各種活動，比如餐會、郊遊、野營等。人們在那裡會脫下緊繃的外殼，在相對放鬆的狀態下講述自己的苦樂，你會聽到真實的抱怨、真誠的讚譽和客觀的評價；發現同事誰走得近、誰走得遠。不要自貶為偷窺他人祕密的好事之徒，只要你調整好心態，具備明辨是非的基本能力，你就會清楚誰可以成為你的朋友，誰僅止於同事關係。

當然，做人不能沒原則，但為人處事沒有一成不變的規律，順應環境的變化，才能因地制宜的把事情辦好。

小張是某大學的高材生。畢業後，他通過公務員考試，進入國家基層的機關工作。結果上班第一週，他就感受到與學校完全不同的氛圍。

報到後，科長帶他到自己的位子，說：「你先熟悉這裡的情況吧！」然後就出去忙了。小張一頭霧水，心想：既不交代工作內容，也沒提供資料檔案，怎麼熟悉情況？來報到之前，他全身有勁、下定決心要努力工作，一定要做出個成績來，可是現在，他就像用盡全力將拳頭打進棉花團，感覺很難受。

慢慢的，小張發現這裡的一切都和想像不一樣。例如，所有的人做事都慢條斯理、不慌不忙，即使再緊急的事情也引不起多大的動靜。另外，這裡的人非常重視級別，級別不一樣、待遇不同不用說，就連說話的方式和做事的風格都不一樣。

還有，流程特別重要。為了跑完流程，有時候會浪費很多時間和精力，但他們還是不敢越雷池一步。最重要的一點是，許多同事對民眾有點粗魯，說話大聲還經常說粗話。這些在小張看來，都很難理解。

雖然如此，但是小張仍然虛心觀察周圍的一切，對誰都不抱成見，努力使自己盡快融入集體。他漸漸發現，這些在他看來是俗的東西，都有它不得不如此的理由：做事慢條斯理能夠維持秩序、保持頭腦冷靜，而且越是出現突發事件越不能慌張；重視級別既可以維持良好的人際關係，使責任和權力更清晰；講究流程不但是依法行政，還使一切事務都有章可循，避免扯破臉皮、互相推諉。

而他原來最不能理解的，看似粗魯、豪放的工作作風，恰是和基層民眾保持親近的祕訣。現在，小張也成了一個俗人：做事穩當、尊重比自己級別高的人、對流程一絲不苟、偶爾也說些粗話。

不過，他內心並未忘記自己所受的教育，也沒有喪失理想。儘管工作有許多不如人意的地方，但是小張明白，只有先「從俗」，才能安身立命，然後才談得上理想和抱負。

毛澤東曾經說過：「要靈活執行原則，應當是這樣，實際上是那樣，中間需要有個距離。」如果懂得入境隨俗的道理，這個距離就短多了。

事實證明，職場新人想要拒絕公司裡不利於新人的習慣，不僅做不到，而且往往是拿石頭砸自己的腳，自討苦吃。因看不慣其習慣而反抗它，結局幾乎百分之百是「出師未捷身先死」，即使不跳槽，也把自己搞得灰頭土臉。說企業習慣是對是錯，都沒有實際意義，對於社會的潛規則，適應才是真理。

2. 飯都吃了，要我違反做人原則，怎麼辦？

聚會是個重要的社交平臺，符合當下的人情事理，因此，要重視自己在飯局中的承諾，別做反覆無常的小人。從某種意義上說，一個人在飯局中的形象，也就是他的社會形象。

老楊和小關是多年的朋友，老楊是出版商，小關是印刷廠，兩人在業務上常有來往。某次，老楊的公司做了一本暢銷書，急於印刷上市。因為別的公司也有做類似的選題，誰搶占先機，誰就是贏家。這事非小關幫忙，於是，老楊約小關在餐廳見面，邊吃邊談。

聽老楊講了印刷數量和繳交時間，小關表示這件事有困難，因為自己公司還有一批貨還沒趕完，有點接不動這麼急的生意。老楊說：「不急我也不來找兄弟你了，這次想辦法幫我一把，以後我們合作的時間長著呢？絕對不會讓你們吃虧。」小關也只好答應了。

回到公司，小關找其他客戶協調了一下，答應再給他們八五折優惠，對方才同意延遲出貨時間。然後，他們集中精力趕老楊的書，機器晝夜運轉，給加班的工人開出雙倍工資。

到了規定時間，終於趕完老楊的貨，但是由於投入太多，這一次小關幾乎沒賺什麼錢，等於無條件奉獻給朋友了。誰知老楊那邊卻忽視小關的付出，本來小關希望以後能接些老楊的正常單子彌補一下，但老楊卻像忘記這件事似的，兩人的合作就此中斷。酒桌上的話也沒有相關證明，這虧小關只好自己吞下去。

老楊也是精明過頭，這下子弄砸自己在業內的口碑，以後大家都小心翼翼接他的單，唯恐上當。

酒桌上，飯不是隨便吃，話也不是隨便說的。有很多不成文的規矩，我們必須放在心上。大家心裡都清楚，接受別人請客吃飯，基本上就是接受別人的請託，即使這次是以聯絡感情為由，但在不久的將來，他一定會有求於你。

一旦你在飯局中承諾給人辦事，就必須盡力去辦。否則，只說不做、只吃飯不辦事，那就不夠意思，白吃又食言。如果能力實在有限，或者原則關係而不能辦，就要在聚會前推辭掉。決不能當時全包，事後丟一邊。

聚會時，大話不能說、辦不到的事不能先許諾，面對任何誘惑都不能丟了基本原則。社會很複雜，容易磨光一個人的稜角，只有站直了，雖外圓還能內方，才不至於成為見利忘義的人。因此，無論在任何時候都應該堅守做人的底線。

趙明是一家大公司的技術部經理，在專業領域上建樹有成，而且做事果斷、有魄力，老闆很器重他。一天，有一位相識的港商請他到酒吧喝酒。幾杯酒下肚，港商一本正經的對他說：「老弟，我想請你幫個忙。」

「幫什麼忙？」趙明覺得有點奇怪。

港商說：「最近我準備同你們公司洽談一個合作案。如果你能把相關的技術資料提供給我，能幫助我在談判中占有主導權。」

「什麼？你要我洩露公司機密？」趙明皺起眉頭。

港商壓低聲音說：「你幫忙，我是不會虧待你的。如果成功，我給你七十五萬元的報酬。這事只有天知、地知、你知、我知，對你沒有任何一點影響。」說著，港商就把七十五萬元的支票塞進趙明手裡。

趙明心動了，就把支票收起來。第二天，便提供公司高度機密的資料給港商。

之後在談判中，趙明的公司一直處於被動狀態，結果整個項目談成後，少賺好幾百萬元。事後，公司查明真相，毫不猶豫的解僱了趙明，那七十五萬元的支票也自然被追回。

沒有規矩不成方圓，只有給自己定下心中的規矩，才能走向正確的道路，別做蠢事、壞事，或是逞一己之私，置後果於不顧的事等，守住底線是做人最起碼的要求。

現在許多人會失敗，就在於他們毫無顧忌、任性妄為，總想事事成為人先。殊不知任何名利的誘惑之下，都深埋著一道陷阱，稍有鬆弛就有可能落入圈套，再也沒有機會爬起。因此，對於成大事的人而言，和名位有關的事應該謹慎再謹慎！

3. 被人利用是好事——如果你能壯大自己

社會上流傳著這樣一句話：「這個世界上什麼都缺，就是不缺人，一旦你沒有利用價值，就會像甘蔗渣一樣，人見人嫌！」

其實，無論是私人交往還是業務關係，如果以互利為前提，會對雙方都有益。所以，一個真正聰明的人，在他認為必要時不怕被人利用，甚至樂於受人利用。

劉子輝和王浩是同部門的工作人員，他們有個共同的特點，就是精明果斷、辦事能力強。但該部門的主管卻拖拖拉拉、優柔寡斷。對此，心高氣傲的劉子輝早就頗有微詞。

公司向該部門下達新的業務指標，主管反覆考慮、瞻前顧後，一直無法提出具體的計畫和方案。心懷不滿的劉子輝直接向總經理報告，提出自己的一套方案。而為人低調的王浩選擇跟主管共同商量，拿出相應的對策。最後，在王浩的幫忙下，主管憑藉豐富的實戰經驗，很快就提交出一套同樣出色的方案。

最終，公司採納主管的方案。不久，主管獲得晉升，他推薦王浩接替他的位子，怨氣沖天的劉子輝很快便離開公司。

劉子輝忽視，在很多情況下，主管的能力不一定比部屬強，但這不能改變彼此的從屬關係。他可能認為，把自己的聰明才智無私的奉獻給主管，這樣太冤枉了，心理上難以平衡。

事實上，只有主管得到晉升，你才能有出頭之日，你在緊急關頭拿出能力，幫助主管往上爬，主管會從此視你為得力助手，對你另眼相看。一有機會，升職便是水到渠成的事情。

成功，有時並不是單憑自己的能力就能實現。在某些時候，你要甘於被人利用，在被人利用的同時，順便實現自己的目的。我們也不必抱怨別人多麼勢利；作為社會人士，更不該為不好的結果找任何理由，反而應該多想自己可以提供什麼價值。

于岩是個活潑的小夥子，也很喜歡交朋友。大學畢業後找到一份工作，目前還處於試用期。他很佩服那些有能力的同事，也希望自己能融入對方的圈子，但當自己靠近他們的時候，有些人似乎不太熱情，甚至當于岩請大家吃飯、三番五次的邀請，才有人賞臉赴約。

起初，他感到困惑。同事之間不是應該相互幫助嗎？有一次，他偶然聽到同事在背後議論他：「于岩對我那麼好，看來是想從我這邊學到一些東西，關鍵是他什麼都不會啊，對我沒任何幫助！幫他還不如幫老劉處長的外甥呢！」另一位同事隨聲附和。

同事所說的「老劉處長的外甥」是于岩的同學，兩人畢業後一起進入這家公司。但公司只需要一個名額，而這兩個年輕人目前都是試用期，試用期過後會決定留下哪一個。

于岩聽到這些對話後非常生氣，他氣那些同事都是勢利的小人，同時也明白同事沒有虧欠你，也沒有理由要幫助你，有些人之所以對自己不感興趣，是因為自己還不具備讓人感興趣的能力與條件。

於是，于岩非常努力，還利用假日參加職業進修班，提高自己的技能。在接下來的工作中，他不斷創造佳績，很快就受到主管的器重。以前對他不感興趣的同事，也漸漸的開始對他表示好感，甚至還有一些老同事要幫他作媒呢！當然，試用期結束後他留下來，而那個老劉處長的外甥被淘汰了。

古人說「天生我才必有用」，與人相交、相處也講究實用主義。如果對方是個沒用的人，你可能不屑於與之為伍；如果你是個沒用的人，對方也不屑於和你交朋友。

在充滿競爭的社會上，大部分的人際關係都建築在「我認識這個人有什麼用」之上。雖不明言——也許你甚至不自知，但想更深一層，會發現現在的許多朋友，都是必要時「對你有用」的人。

現今社會，公司不怕你價碼高，只怕你不能增值；主管也不怕你要脾氣，就怕你產不出應有的價值；同樣的，朋友也不怕你太耀眼，只要你的實力和外表相稱。如今競爭這麼激烈，你只有善於發現自己的優點和長處，並利用外在環境，不斷提升自己，讓別人充分利用自己，才能產生相應的價值，不斷成長、不斷增值。

沒有人願意與一無是處的人成為朋友，若你沒有任何的利用價值，那麼你的人脈終有一天會枯竭。倘若有天，你無法再籌備聚會，或者長期都沒受到邀請的時候，這就是「可利用價值」消失的信號。

因此，每天太陽從東方升起時，你要做的第一件事，就是對著家中的鏡子問自己：如何成為被人需要的人？只有被需要的人，才能擁有更廣闊的人脈。

4. 討價還價不是為了買在最低價

好吃的東西不能獨吞，在社會上行走也是一樣。古代有「和氣生財」的說法，這裡的「和」就是「與人為善」。在家靠父母，出外靠朋友，尤其在這個激烈競爭的社會裡，朋友更為重要。

臺灣企業家、經營之神王永慶會將利益讓給他人，他認為助人等於助己。台塑集團的管理水準很高，令它的下游客戶羨慕不已，建議台塑將自己的管理精華傳授給客戶，使客戶能迅速提高管理水準。

這項建議回饋到台塑後，王永慶欣然應允，決定開辦「企管研討會」。參加研討會的學員來自眾多行業，都是台塑集團的客戶，連一些著名企業的老闆也報名參加。

因為台塑企業本著為客戶提供服務的精神，所以學員一律免費。除了提供教材外，同時免費供應午餐與晚餐。上、下午各安排一次咖啡時間，供應各式餐點。根據台塑總管理處的成本核算，每位學員的花費約為八百元，總支出達一百六十萬元。

在一般人看來，花錢請別人來學自己的絕活，無疑是做傻事。但王永慶的理念卻是於人有利，也代表著自己有利，這正是他的出類拔萃之處。他深知台塑與下游企業乃是脣亡齒寒的關係，一榮俱榮，一損俱損。

因此，他從不利用龍頭老大的地位為自己爭利。相反的，他寧可自己少賺點，也要保障下游企業的利益。有一年，由於世界石油危機和關貿壁壘盛行，使得全球塑膠原料價格普遍上漲。

按市場常規，台塑此時可以提高價格，但王永慶考慮到下游廠商的負擔能力，決定降低公司的利潤目標，維持原供應價，自行消化漲價的成本。有人問他為什麼如此大度，他說：「如果賺一元就有利潤，為什麼要賺兩元呢？何不把這一元留給客戶，讓他去擴大設備，如此一來客戶的原料需求量將會更大，訂單不就更多了？」

然而，許多人不懂這個道理，他們常為眼前利益所迷惑，而忽視更大的利益。這正是大人物與小人物的差別，也是人生成敗的關鍵。

有經驗的商人都知道，做生意當然要好好計算，使自己得到最大的收益，但無論怎麼算，一定要算到對方也能賺錢，不能虧本。若他虧本，下次他就不敢再跟你打交道了，所以生意人絕對不能精明過頭。你到處叫人家吃虧，就會到處都是你的冤家；到處打破別人的飯碗，最後必然也會打破自己的飯碗。所以，如今一些成功人士都非常大度，將眼前利益和長遠利益的關係，處理的十分妥善。

有位記者在採訪收藏家馬未都時，提出一個實際且有趣的問題：您是行家，買了這麼多的寶貝，是如何跟賣家討價還價的呢？

馬未都回答，他跟賣家還價的原則，是讓做生意的人都有錢賺。比如看中一個東西，賣家要價六十萬元，他就還價五十萬元，就會成交。雖然要價是六十萬元，但他知道給五十萬元就能賣，那十萬元只是還價的空間。對此，彼此之間心裡都有數。記者又問，為什麼不試試還價四十萬元或四十五萬元呢？

馬未都回答，人家的東西值五十萬元，如果非給四十萬元或四十五萬元，那就離譜了。適當的多給人家一點錢，只有好處，沒有壞處，因為這能打通一條進貨的路。人往高處走，水往低處流。只要有低處，水一定會聚集在那裡。錢也是這樣。

他說：「所以買古董的時候，要讓人家多賺一點錢。當人家再有古董的時候，想到的第一個買家，一定是曾經讓他賺過錢的人。他可能說：『馬未都這個人不錯，讓我賺錢了，這古董我得先給他看。』我一看，如果也喜歡，就會買了，也就有了進貨的路；要是人家說：『我賣誰都好，就是不賣馬未都，這個人一分錢都沒讓我賺過，還老讓我賠錢，我才不給他呢！』這條路不就斷了嘛！我認識的古董商很多，每次交易也都堅持這個原則。」

記者又追問：收藏家到處都是，為什麼您的機會比別人的多？馬未都回答，誰堅持讓人家有錢賺這個原則，人家就會想著誰，進貨機會自然就會多。**雙贏和單贏相比有個最大好處，就是雙方會贏得持續發展的機會**。

不獨吞所有好處，不僅是經商之道，更是一種睿智的財富觀。有個大富豪曾經說過：財富如水，如果是一杯水，你可以獨自享用；如果是一桶水，你可以存放在家裡；但如果是一條河，你就要學會與人分享。

雙贏的目的是為了在人與人的關係中，贏得更好的結果，它沒有逃避現實，也沒有排斥競爭，而是以理智的態度求得共同的利益。

5. 帳算清楚，如何不傷了關係？

中國有句古話：「親兄弟，明算帳。」朋友交往，有的人很講義氣，不分你我，可是往發展到後來，都是因為錢算不清而心存芥蒂，甚至分道揚鑣。到了算帳的那天，就又要爭出個高下來，能不傷害感情嗎？所以，最好的關係也要分清你我，朋友之間的利益有重合、也有不能重合的方面。

張鵬與李坤是室友，他們戲稱宿舍是他們的家庭，所有的東西都沒有標籤，甚至工資也混在一起，兩人對於這種關係感到驕傲，當然別人除了羨慕還是羨慕。不久，李坤有了女友，經常出去逛街、吃飯等，於是兩人的「合作經濟」出現了危機。

起初，李坤覺得沒什麼，張鵬也不在乎，只是後來張鵬提出各自分攤制，李坤考慮再三便同意了。

某天，張鵬的母親生病了，當張鵬回宿舍拿錢時，發現抽屜是空的，他就問李坤：「錢在哪裡？工資不是三天前才發嗎？」李坤說：「我買條項鍊送給女友。」張鵬聽完後便無言的離開了，他跟別人借錢幫母親看病。從此兩人的友誼出現裂痕，有一天兩人提及此事，竟大吵一架，之後兩人之間純真的友情，也畫上了句點。

張鵬和李坤忘記「人親財不親」的古訓，友情可以接受有時不對等的財物往來，但是如果過分傾斜便難以包容，矛盾就會到來。所以，為了友誼就要弄清錢、物及人情往來的狀況，以防過分失衡。朋友之間合作時，更要責任清楚、權益分明。

白手起家的南濱與世家子弟小鐘聯手做服裝生意，在合作過程中，南濱的眼光和品性使得小鐘大為折服。因此，他想讓南濱全權負責自己在上海的店鋪，而自己則退出來做喜歡的藝術品投資。小鐘想送股分給南濱，這樣一來，就算是合夥關係，南濱也就有老闆的身分，可以名正言順的管理上海的生意了。

就當時的情況而言，南濱當然求之不得。但他並不贊成小鐘提出的想法，既然小鐘同意讓他入股，他就必須拿出現金做股本。他的實力不如小鐘，可以只占兩成，小鐘拿兩百萬元，他拿五十萬元，而且還要立合約。

南濱的想法很明確，感情是感情，生意是生意，不能一概而論，糾纏不清。小鐘由於照顧朋友，一時做出慷慨的決定，以後也許會後悔也說不定。朋友相交如果走到這一步，也就一定不能善始善終，而生意上的合作更不會有好結果。

南濱這樣處理事情十分高明，他拿出這五十萬元的股本，與小鐘訂立合約，雙方也就有了明確的責任和信用關係，而這也正是他們長期合作的保證。

做生意，光有感情是不夠的，還需要有感情之外的規範來保證雙方權益。好朋友一起合夥時，往往會因為權益問題而生出種種矛盾。大家當初在學校時，好的跟家人一樣，不僅錢財不分，連衣服都沒有分過彼此，一旦合夥做生意，自然也不好意思提議把錢財分清楚，誰要是在這方面太計較，不就顯得他太不夠意思？

等到時間一長，這種隱患就會發作，到了年終、月尾結帳時，發現公司有賺錢，但全部被花完了，大家就會開始計較。一開始基於過去的情誼，還不好意思公開指出來，等到忍無可忍時，必然會嚴重傷害彼此的感情。好朋友一旦決裂，比不是朋友還嚴重，他覺得你不夠朋友，你認為他不講交情。到了這種地步，除了分手，再也沒有其他更好的辦法。

因為責任和利益的問題，知心好友甚至是夫妻、父子對簿公堂的事並不少見。由於大家的心裡都有份帳本，算來算去總覺得自己吃虧，彼此協商不了，也就不惜去撕破臉。不論結果如何，已經弄得大家都很受傷。

與其走到這一步，還不如一開始就未雨綢繆，把一切都說清楚，必要的時候透過法律執行。當大家都明白自己的職責和權利時，牽連不清的事自然也就消失了。

6. 公事公辦之下，如何講點情分？

俗話說得好：「無規矩不成方圓。」不論辦任何事，都要遵守一定的原則。但是原則是死的，人是活的，很多時候要把原則與彈性結合在一起。所以說，我們做人做事一定要學會變通，不能太死板。既要有自己的原則和標準，又要能與他人和諧相處，避免產生矛盾。這時候，如果將一次親切的談話、一個親密的飯局穿插其中，就能夠平復當事者的不良情緒，推動事情的發展。

美國國際農機商用公司董事長西洛斯．梅考克（Cyrus McCormick），底下有位老員工違反了工作制度。他酗酒鬧事、遲到早退，還因此跟工頭大吵一場——在公司規定中，誰違反這條都會遭到開除。當工頭報上這位鬧事員工的資料後，梅考克遲疑了一下，但仍提筆寫下

「立即開除」四個字。

這位員工找到梅考克，指責梅考克一點情分都不講，梅考克沉穩的說：「你是老員工了，公司的制度你不是不知道，再說，這不是你我兩人的私事，我只能按規矩辦事，不能有一點例外。」

不過，梅考克又詢問老員工鬧事的原因，原來這位員工的妻子最近去世了，留下兩個孩子，一個孩子跌斷一條腿住院，還有一個孩子因為吃不到媽媽的奶水而餓得直哭，老員工是在極度痛苦中借酒消愁，結果耽誤了上班。

了解事情的真相後，梅考克為之震驚，說：「我們不了解你的情況，快點回家去料理你夫人的後事，照顧好孩子，你不是把我當成你的朋友嗎？所以你放心，我不會讓你走上絕路的。」說著，便掏出一疊鈔票塞到老員工的手裡。

老員工感動得流下眼淚，梅考克囑咐老員工：「回家安心照顧家人吧，不必擔心工作。」聽了老闆的話，老員工轉悲為喜說：「你會撤銷開除我的命令嗎？」

「你希望我這樣做嗎？」梅考克親切的問。

「不！我不希望你為了我破壞公司的規矩。」

「對，這才是我的好朋友，你放心的回去吧，我會適當安排的。」

事後，梅考克把這位員工安排到自己的牧場去當管家，這位老員工對此十分感激。

一個國家，一個社會，必須分清是非，建立自身的道德原則和價值標準，這是「方」，無方則不立。但是，只有方沒有圓，為人處世只是死守著一些規矩和原則，毫無變通之處，則會流於僵硬和刻板。按制度辦事與講情面並不矛盾，關鍵在於你處理得是否巧妙與恰當。既能堅持原則，又不傷人感情，這才是一個人的高明之處。

同治年間，湖南衡陽附近的一個小地方，住著一位忠厚老實的農民。他一生勤勞節儉，生活過得不錯，不料有一年清明節掃墓時，與人發生一場糾紛。對方仗著自己有錢有勢，硬將一座墳墓遷到他家的祖墳上。

官司由衡陽縣打到了衡州府，但怎麼打也打不贏。老農民嚥不下這口氣，想上吊自盡。有個老親友提醒他：「你不是有個乾兒子叫曾國藩，在南京做兩江總督嗎？他現在一人之下，萬人之上，天下誰不知其名。只要他給衡州府寫個二指寬的條子，保證把官司打贏。」聽完之後，老農民立刻湊足盤纏，背上包袱就直奔南京。

兩江總督衙門可不容易進去，老農民叫曾國藩的小名，衙役自然不知道，也不讓老頭進門。忽然，督署裡傳出訊令，總督大人要出門。老農民操著家鄉口音一直喊著曾國藩的小名，被曾國藩聽出來了。他便趕緊下轎，將乾爹送進自己的宅邸。頓時，曾宅裡開始歡樂起來，曾國藩夫婦設宴招待乾爹。當老農民引入正題、說明來意時，曾國藩打斷了他的話，要他在這裡玩幾天再說，還叫來一個同鄉的衙役陪乾爹玩。

但老農民哪有心思遊覽，僅玩了三天，就按捺不住了。晚上，他對乾兒媳細說了來意，求曾國藩給衡州府寫個條子，兒媳則告訴乾爹別急，會有辦法的。又過了三天，當曾國藩辦完一天的公事後，他的妻子歐陽夫人便說起乾爹特地來此的事。

「你就給他寫個條子到衡州吧。」曾國藩聽完後，嘆了一口氣說：「這怎麼行呀？我多次告誡各省官員，不要干預地方官的公事，如今自己倒在幾千里外干預起來了，這豈不是自打嘴巴？」

「乾爹是個守本分的人，你也不能看著老實人受欺，得主持公道呀！」經歐陽夫人再三請求，曾國藩動搖了。他在房間裡來回踱了幾圈，說：「好，讓我考慮考慮吧。」

第二天，正逢曾國藩接到奉諭升職，南京的文武官員都前來賀喜。曾國藩在督署設宴招待，老農民也被尊到上席。敬酒時，曾國藩先向大家介紹，首席是他湖南來的乾爹。文武官員聽了一齊起身致敬，弄得老農民怪不好意思。曾國藩說他一生勤勞，為人忠厚，怎麼也不願意到南京久住，執意要返回鄉里。說著，就從小盒子裡拿出一把摺扇，說是送給乾爹的禮物，自己已經簽過名，也請大家在扇上題留芳名，作個永久紀念。

於是，不到半個時辰，摺扇兩面寫得滿滿的。曾國藩高興的把摺扇收起來，用紅綾包好，雙手奉送給乾爹。這農民也懂得禮數，起身向各位文武官員作揖致謝。

席終客散，老農民回到住室，不知道乾兒子的意思。歐陽夫人接過紅綾打開一看，告訴乾爹，這把扇子拿回去後，不論打官司還是辦別的事，不管是多大的官，見到扇子都好使，這比那個條子更寶貴呀。老農民便帶著扇子高高興興的回家去了。

剛回到家裡，衡州知府升堂，衙門八字開著，老農民手執摺扇，大搖大擺的走了進去。後來知府看了扇子，立即熱情的款待老頭，官司自然也就贏了。

一把摺扇「醉翁之意不在酒」。顯示親情，實則相助，意在給地方官面子，也使曾國藩免於干涉地方公務之嫌。實際上，世上有很多事情都可以靈活處理。當然，在法規面前要認真，但在不違背法規又能通融的情況下，還是要靈活一些為好。

7. 報酬你若不便明說，誠意要先做好做滿

無論在什麼情況下，實際利益都有著強烈的吸引力。天下沒有白吃的午餐，要與人合作必須先贏得他人的信任，不能總是空口說白話。看得見、摸得著的實際利益，更能挑起人們參與的積極度，讓對方完全放心。

像胡雪巖在交友、用人的手腕上，很有獨到之處。胡雪巖在籌辦阜康錢莊之初，急需一個得力的「檔手」，也就是管理者。他在考察後，決定讓原大源錢莊的夥計劉慶生來擔當此任。錢莊還沒有開業，周轉資金都沒到位，胡雪巖就決定給劉慶生一年兩百兩銀子的薪水，這還不包括年終的紅利。

而且，一旦下了決定，他就先預付劉慶生一年的薪水。當時在杭州，小康家庭每月吃、

穿、住的全部花費，也不過十多兩銀子。而一年兩百兩銀子，實在是高薪延聘，連劉慶生自己都覺得很驚訝。

胡雪巖這一慷慨舉動，也著實厲害。首先，他一下子就打動劉慶生的心。當他氣派的拿出預付薪水時，令劉慶生激動不已，他對胡雪巖說：「胡先生，你這樣子待人，說實話我聽都沒聽過。胡先生，你吩咐好了，怎麼說怎麼好！」這代表胡雪巖的銀錢，一下子就買下劉慶生的忠心。

其次，胡雪巖的慷慨也穩定了劉慶生的心。有了這些銀子，他可以將留在家鄉的父母、妻兒接來杭州，上可孝敬於父母，下可盡責於兒女，再也無後顧之憂，自然也能傾盡全力照顧錢莊生意了。而且，手裡有了錢，心思安定，腦筋也就靈活，想主意自然就更高明。

就是這一慷慨之舉，胡雪巖便得到一個確實有能力，也的確忠心耿耿的幫手，他幾乎可以完全放手阜康錢莊的實際營運。

胡雪巖招攬人才從來就不惜出以重金，在他看來，招攬人才如同買貨，貨好價必高，值得重金聘請的人，也必然是忠心得力之人。他曾說：「眼光要好，人要靠得住，薪水不妨多送，一分錢一分貨，用人也是一樣。」話雖過於直接卻很有道理。

這個道理在現代社會同樣適用。當你求人辦事，要想達到目的，就必須先刺激對方的欲望，暗示只要能辦成就有好事在後頭，並不時給些甜頭，讓人相信你說的並非空話。

人情講求互動，閉口不提報酬可行不通，一定要讓對方知道將有相應的報酬，而且讓他想像之後的報酬，其數目大概是多少，這個數目不應是具體的，而是雙方之間的默契，因為太具體會對你今後不利。但對對方來說，不能把握明確的報酬數目，他就會不夠積極。

想辦成事情，首先要想辦法使對方滿意。為了將來，你要用合適的方式做些暗示，吊對方的胃口。而且，合作一開始就要出手大方一些，讓對方相信你有實力，從而賣力幫你。一般請人幫忙，總要先請對方吃飯，這頓飯就是展現你實力的機會，應該把這聚會搞得像樣一些。對方看你如此大方，必定相信事成之後不會受到虧待。大方的請他吃飯，也使他覺得欠著一份人情，辦事起來就更有動力了。

不管做什麼事都要有一定的付出，物質和感情雖然不能完全畫上等號，但是當你表示有禮物，或者已經把禮物捧出來時，那滿滿的誠意也就顯而易見了。

後記

現代人比以往淡漠，「人情」卻更重要

我們講聚會社交，不是說吃了一次飯，就要產生立竿見影的效益。透過前面各式各樣的飯局解析，我們應當得出這樣的結論：飯局連結起感情，是正事、要事之前的緩衝和鋪陳，也是矛盾和問題的潤滑劑。

由於現今社會生活節奏快，關係較以前鬆散和冷漠，但是「人情生意」卻從未間斷。要想與人互換利益，就要提前準備、籌劃，為自己儲存好人脈。

事實上，關係越是親密、越是持久，越需要不斷的投資情感。相信大家都有過這樣的感受，本來有很好的人際關係，因為疏於往來而越來越淡漠；而只是在某次聚會中偶然相遇的人，因為幾次熱絡的交往，後來竟成為知心好友。所以，應該經常投資情感，善待每個關係夥伴，從小處著眼，落實到現實中。

有些人會說：「我也想多交些朋友，但就是沒有時間。」其實，只要是我們真正想做的事，就能找出時間去做。像飯局就是關係的重頭戲，共同出遊、健身、打牌、唱歌等活動，就是飯局的延伸。只要和友人保持聯絡，你就可以根據彼此的時間和喜好來安排。

那些在社會上朋友眾多、受人歡迎的人，其實也沒有掌握什麼了不起的祕訣，或者特殊技巧，只是真誠加上主動，就足以融化彼此的隔閡，建立良好的人際關係。當你人脈資源夠多的時候，財運也就自然來了。

你可以將生活中，有直接和間接關係的人排成一張聯絡圖，分析並區隔出最重要、比較重要、次級重要的人，再根據自己的需求排序。這就像打牌一樣，了解手中的牌，才能組出最有力的牌型。

我們生活中所遇到的問題，往往涉及很多層面，你需要多方面的資源，不可能只從單一方面獲得。有了這樣的一張圖，你就擁有一張有效的關係網絡，使用和借助的力量將成倍增加。飯局與聚會是種手段，不是目的。局中之局千變萬化，贏得飯局、贏得人脈，也就贏得財運！希望讀完本書的你，能夠掌握其中的精髓，做出最完善的發揮。

國家圖書館出版品預行編目(CIP)資料

一頓飯的成功法則：飯局，大家都不喜歡，但最忌有攤必到；這個世界永遠因人成事，一切就從餐桌上的試探開始。／鄭建斌著 -- 臺北市：大是文化，2023.09
336 面；17×23 公分--（Biz；436）
ISBN 978-626-7328-57-6（平裝）

1. CST：職場成功法 2. CST：人際關係

494.35 112011817

Biz 436

一頓飯的成功法則

飯局，大家都不喜歡，但最忌有攤必到；
這個世界永遠因人成事，一切就從餐桌上的試探開始。
（原版書名：飯局與聚會之必要）

作　　者／鄭建斌
責任編輯／蕭麗娟
校對編輯／黃凱琪
美術編輯／林彥君
副總編輯／顏惠君
總 編 輯／吳依瑋
發 行 人／徐仲秋
會計助理／李秀娟
會　　計／許鳳雪
版權主任／劉宗德
版權經理／郝麗珍
行銷企劃／徐千晴
業務專員／馬絮盈、留婉茹
業務經理／林裕安
總 經 理／陳絜吾

出 版 者／大是文化有限公司
臺北市 100 衡陽路 7 號 8 樓
編輯部電話：（02）23757911
購書相關諮詢請洽：（02）23757911 分機 122
24 小時讀者服務傳真：（02）23756999
讀者服務 E-mail：dscsms28@gmail.com
郵政劃撥帳號：19983366　戶名：大是文化有限公司
法律顧問／永然聯合法律事務所
香港發行／豐達出版發行有限公司 Rich Publishing & Distribution Ltd
地址：香港柴灣永泰道 70 號柴灣工業城第 2 期 1805 室
Unit 1805, Ph. 2, Chai Wan Ind City, 70 Wing Tai Rd,Chai Wan, Hong Kong
電話：2172-6513　傳真：2172-4355
E-mail：cary@subseasy.com.hk

封面設計／孫永芳
內頁排版／顏麟驊
印　　刷／鴻霖印刷傳媒股份有限公司
出版日期／2023 年 9 月 初版
定　　價／新臺幣 390 元（缺頁或裝訂錯誤的書，請寄回更換）
I S B N／978-626-7328-57-6
電子書ISBN／9786267328583 （PDF）
9786267328590（EPUB）